Karin Schoenen-Schragmann

Schnellfinder HOMÖOPATHIE FÜR RINDER

Inhaltsverzeichnis

A–Z der 30 häufigsten Erkrankungen

Über diesen Schnellfinder

Warum gibt es diesen Schnellfinder?

Dieser Schnellfinder ist schon aufgrund seines Umfangs kein Ersatz für das Lesen eines Fachbuches oder eine Fortbildung über Homöopathie. Vielmehr wollte ich einen handlichen Ratgeber für die Praxis schreiben der Sie direkt im Stall bei Ihrer homöopathischen Arbeit unterstüzt. Ich habe während meiner vielen Seminare und Fortbildungen festgestellt, dass sowohl Anfänger als auch schon längere Anwender von Homöopathie in der Rinderhaltung häufig Probleme haben, schnell das passende homöopathische Mittel für ein erkranktes Tier zu finden. Das war auch ein Grund dafür, Ihnen diesen Schnellfinder in der praktischen Pocketausgabe anzubieten. Diese ist robust und handlich, schnell griffbereit in der Hosentasche transportierbar und kann im Stall ohne große Umstände genutzt werden. Ohne fundierte Kenntnisse kann Homöopathie auf Dauer nicht erfolgreich angewandt werden! Für alle, die sich auf den Weg gemacht haben, ist dieses Büchlein jedoch eine gute und zuverlässige Hilfe für ihr Tier im Stall.

Wie funktioniert der Schnellfinder?

Suchen Sie am Besten zunächst im hinteren Register (*Register der Erkrankungen*) nach der Erkrankung oder dem Symptom. Über die Seitenangabe finden Sie die Indikationen für Ihr Problem. Sie können auch im vorderen Teil schauen, auf welchen Seiten die Themenschwerpunkte zu finden sind.

Der Schnellfinder ist so aufgebaut, dass auf den 30 Themenseiten zunächst die Mittel von A–Z mit Kurzindikation aufgelistet sind. Diese Form haben wir gewählt, um Ihnen einen schnellen Überblick zu verschaffen, welche Mittel passen können. Sie sehen sofort, welche passenden Mittel Sie vorrätig haben.

Darunter finden Sie die Tabelle mit Symptomen und passenden Homöopathika, nicht alphabetisch sondern nach Wertigkeit geordnet. Dabei ist das zuerst aufgezählte Mittel das Hauptmittel für die Symptomatik usw.

Wichtig: Jede schwerwiegende oder auffällige Erkrankung eines Tieres muss – *vor oder sofort nach der ersten Gabe homöopathischer Mittel* – durch Ihren Tierarzt abgeklärt werden, denn es gibt eine Fülle anzeigepflichtiger und auch meldepflichtiger Erkrankungen, die zuvor ausgeschlossen werden müssen. Es ist immer möglich, erkrankte Tiere zusätzlich zur tierärztlichen Behandlung homöopathisch zu begleiten.

Die Behandlung kranker Tiere gehört immer in die Hände Ihres Hoftierarztes!

Einführung in die Homöopathie

Die Homöopathie gehört zu den alternativen Heilmethoden. Sie wurde vor ca. 250 Jahren von Samuel Hahnemann, einem deutschen Arzt konzipiert und wird seitdem auf der ganzen Welt nach seinen Vorgaben praktiziert. Die Vielzahl der Erkrankungen, die so behandelt werden können, räumt der Homöopathie einen besonderen Platz bei den alternativen Heilmethoden ein.

„ÄHNLICHES MÖGE DURCH ÄHNLICHES GEHEILT WERDEN"

Samuel Hahnemann konzipierte die Heilmethode der Homöopathie unter dem Leitsatz: Ähnliches möge durch Ähnliches geheilt werden. Er behandelte Patienten mit Substanzen tierischer, mineralischer oder pflanzlicher Herkunft, die beim Gesunden Symptome erzeugten, die den Symptomen von kranken Patienten ähnelten. Indem er seinen Patienten auf ihre eigenen Krankheitssymptome noch einmal die künstlichen Krankheitssymptome des homöopathischen Mittels auferlegte, verstärkte sich der Krankheitsverlauf. Die Selbstheilungskräfte werden auf diese Weise so stark angeregt, dass die Erkrankung letztendlich überwunden werden kann.

In der Homöopathie ist die Symptomatik einer Erkrankung für das Finden des richtigen homöopathischen Mittels entscheidender als die Bezeichnung einer Krankheit. So ist zum Beispiel nicht ein Kalb an Durchfall erkrankt, sondern Kalb Rosi hat schleimigen Kot mit Blutbeimischung.

Die Homöopathie ist eine Individualtherapie, das heißt jeder Mensch und jedes Tier ist unterschiedlich und es gibt nicht die eine Krankheit. In der Landwirtschaft kann aber auch durchaus einmal die ganze Herde der Patient sein, nämlich dann, wenn von einem Krankheitsbild viele Tiere der Herde (über 25%) betroffen sind.

Homöopathische Indikationen können bei nahezu jeder Erkrankung eingesetzt werden. Nicht nur im Bereich der Schmerzlinderung, Wundheilungsförderung, bei Blutungen und Entzündungen bietet die Homöopathie viele gute Mittel, sondern auch bei Angst, Trauer oder im allgemeinen Stoffwechselgeschehen kann sie unterstützend eingesetzt werden.

Kleine Stall- und Notfallapotheke

Aconitum C 30 / C 1000
Angst, Schock, Schreck, zu Beginn der Erkrankung
Arnika C 30 / C 200
Blutung, Prellung, Distorsion, schmerzlindernd, Schwäche
Arsenicum album C 30
unklarer Durchfall, Anämie, Abmagerung
Belladonna C 30
Entzündungen (Euter, Lunge, Gelenke, Klauen usw.)
Bryonia C 30
Trockener Husten, stechende Schmerzen bei jedem Schritt, Distorsion
Carbo vegetabiles C 30
Kreislaufkollaps bei schweren Durchfällen, Kolik
Hepar sulfuris C 30
Abszesse, Metritis, Chronisch hohe Zellzahlen
Ledum C 30
Stichverletzungen, Nageltritt, Insektenstiche, Injektionsverletzungen
Lycopodium C 30
Lebermittel, Kälberdurchfall mit Kolik oder Blähungen
Nux vomika C 30
Intoxikation durch Futter, Medikamente, Lebermittel
Pulsatilla C30
Gelb-rahmige Sekrete (Milch, Ausfluss), Mittelohrentzündung, Metritis
Rhus toxicodendron C 30
Bänderdehnung, Schmerzen am Beginn der Bewegung
Ruta C 30
Bänderüberdehnung an Gelenken nach Ausgrätschen (mit Rhus toxicodendron)
Sepia C 30
Metritis, schlaffe Bänder, Gebärmuttervorfall
Silicea C 30
Zysten im Euter, Bänderschwäche, nach Hepar sulfur wenn der Abszess offen
Sulfur C 30
Entgiftung nach Antibiotikagaben und Milieuverbesserung

Wie verabreiche ich homöopathische Mittel?

Da homöopathische Mittel über die Schleimhäute aufgenommen werden, bieten sich vielfältige Möglichkeiten der Verabreichung:

1 Über die Nasenschleimhaut durch Aufsprühen mit einer Sprühflasche. So können auch Komplexmittel leicht und schnell verabreicht werden. Je 20 Globuli eines Mittels in eine kleine Sprühflasche füllen und mit 2/3 Wasser und 1/3 Korn auffüllen. Durch den Alkohol hält sich die Mischung über einige Wochen. Sie wird je nach Schwere der Erkrankung alle Stunde oder zweimal täglich auf die Nase des kranken Tieres aufgesprüht. Vor allem bei kranken Kälbern ist dies eine gute Lösung. Bei der Behandlung reichen 1–2 Pumpstöße pro Tier aus.
2 In die Scheide einlegen. Dies ist die einfachste Lösung vor allem im Laufstall. Der Kuh werden pro Eingabe ca. 10-15 Globuli in die Scheide gestreut. Auf Sauberkeit ist zu achten.
3 Eingabe über das Maul. Globuli direkt ins Maul geben.
4 Über die Zitzenschleimhaut. Aufsprühen des Mittels auf die Zitzenschleimhaut sofort nach dem Melken, solange der Zitzenkanal noch offen ist. Hier kann ein Dipbecher oder noch besser eine Sprühflasche wie oben beschrieben zum Einsatz kommen.

HINWEIS FÜR DIE ANWENDUNG

Globuli dürfen vor der Eingabe beim Tier nicht in die Hand genommen werden. Denn der aufgesprühte Wirkstoff kann auf Sie übergehen und dann zu schwach für eine Wirkung beim Tier sein.

Homöopathie für den ganzen Bestand

Durch den richtigen Gebrauch von Homöopathie kann der Profi den Einsatz von Antibiotika vermindern und so versuchen, Resistenzen bei den Tieren zu vermeiden. Das ist auch das erklärte Ziel der Bundesregierung und der Tierärzteschaft.

Um diesen Schnellfinder einsetzen zu können, sollten Sie bereits Vorkenntnisse über die Homöopathie besitzen, denn zur Wahl des richtigen Mittels gehört auch die frühe Erkennung kranker Tiere sowie ein gewisses Verständnis über Zusammenhänge und darüber wie die Homöopathie funktioniert. Die Ursache einer Erkrankung zu erkennen, ist eine Voraussetzung für Ihren Erfolg.

Zur Wiederholung wegen der außerordentlichen Wichtigkeit: Jede schwerwiegende oder auffällige Erkrankung eines Tieres muss – *vor oder sofort nach der ersten Gabe homöopathischer Mittel* – durch Ihren Tierarzt abgeklärt werden, denn es gibt eine Fülle anzeigepflichtiger und auch meldepflichtiger Erkrankungen, die zuvor ausgeschlossen werden müssen. Die Begleitung erkrankter Tiere zusätzlich zur tierärztlichen Behandlung ist immer möglich und auch sinnvoll, um Symptome von kranken Tieren zu lindern.

Potenzen, Häufigkeit der Gaben und ihre Anwendung

Viele Substanzen sind in ihrem Urzustand giftig. Erst durch Potenzierung können sie zu Heilmitteln für Mensch und Tier werden.

Potenzen

Hahnemann hat teils giftige Mittel durch den Vorgang des Potenzierens für Mensch und Tier nutzbar gemacht. Beim Potenzieren wird ein Tropfen der Urtinktur mit eine entsprechenden Menge Alkohol verschüttelt und in die Flüssigkeit hineingeschlagen. Dieser Vorgang wird so oft wiederholt, bis die entsprechende Potenzstufe erreicht ist.

Bei Tieren, die zur Produktion von Nahrungsmitteln für Menschen gehalten werden, ist höchstens eine Potenz von C3D6 erlaubt. In der Nutztierhaltung wird vor allem die Potenz C 30 eingesetzt. Sie muss im akuten Fall wiederholt werden, in lebensbedrohlichen Fällen alle 5–15 Minuten, bis der Tierarzt da ist oder die Krise überwunden ist. Wenn eine C 30 nicht ausreicht, so ist im Schnellfinder eine andere Potenz zur Gabe vermerkt. So ist es beispielsweise sinnvoll, Arnica und Aconitum auch in der C 200 und C 1000 in der Stallapotheke vorrätig zu haben.

GESETZLICHE VORSCHRIFTEN

Homöopathische Mittel, die nicht für lebensmittelliefernde Tiere zugelassen sind, müssen/dürfen vom Tierarzt mit Indikation umgewidmet werden und müssen ins Bestandsbuch eingetragen werden. Beim Einsatz homöopathischer Mittel entstehen in der Regel keine Wartezeiten.

Häufigkeit der Gaben

Je früher ein krankes oder auffälliges Tier erkannt wird oder je akuter die Erkrankung, desto deutlicher und unverstellter zeigen sich die Symptome. Eine akute Mastitis mit Fieber, schmerzhaftem geschwollenem und gerötetem Euter nach kaltem Wind wird auf eine **einmalige** unverzügliche Gabe Aconitum gut reagieren. Sollte dieses nicht wirken, wird Belladonna hier gute Dienste tun. Im akuten Fall muss die Wirkung sofort (schwere Blutungen) oder nach kurzer Zeit eintreten. Da eine Erstreaktion möglich ist, kann es kurz zu einer Verschlechterung der Symptomatik kommen. Wichtig ist es, den Verlauf zu begleiten und schnell reagieren zu können. Spätestens nach 2–3 Stunden sollte es in einem akuten Fall zu einer Verbesserung des Allgemeinbefindens und der Symptomatik kommen, sonst muss das Mittel gewechselt oder wiederholt werden. Je akuter die Erkrankung, desto häufiger sind die Gaben zu wiederholen. Im Notfall bei drohendem Abort ist das Mittel alle fünf Minuten zu geben. Bei schwerer Mastitis, Durchfall, Lungenentzündung kann es sinnvoll sein, das Mittel alle 15 Minuten zu verabreichen. Zur prophylaktischen Behandlung und bei mittelschwerer Symptomatik reicht es oft, das Mittel zweimal täglich einzugeben, bis eine Besserung eintritt.

Wie werden homöopathische Mittel beim Tier angewendet?

Es gibt verschiedene Möglichkeiten, homöopathische Mittel anzuwenden. Homöopathische Mittel benötigen keine Injektion, sondern entfalten ihre Wirkung bei der Einnahme über die Schleimhäute. Beim Rind stehen uns dazu die Naseschleimhaut, das Flotzmaul, die Scheide oder das Euter zur Verfügung. Die Mittel können direkt eingegeben oder eingelegt werden, aufgelöst mit ein bisschen Wasser ins Maul eingegeben werden oder aber in einer Sprühflasche mit Alkohol konserviert direkt auf die Nase aufgesprüht werden.

ANTIDOTIERUNG

Verschiedene Substanzen beeinflussen sich in ihrer Wirkung negativ; sie „antidotieren" sich. Bei manchen Kombinationen wird die Wirkung komplett aufgehoben. Vermeiden Sie eine Antidotierung, indem Sie zwischen der Gabe verschiedener Substanzen 2 bis 4 Stunden Abstand halten. Stark antidotierend wirken:

Camphora
Coffea
Nux vomica

Haltbarkeit und Lagerung homöopathischer Mittel

Homöopatische Mittel sind begrenzt haltbar. Es gilt: trocken, dunkel und bei Zimmertemparatur lagern.

Globuli haben in der Regel ein Haltbarkeitsdatum von fünf Jahren. Abgelaufene Globuli müssen entsorgt werden, eine ausreichende Wirksamkeit ist nicht mehr gewährleistet.

Alkoholische Verdünnungen homöopathischer Mittel sind länger haltbar, dürfen aber ebenfalls nach Ablauf des Verfallsdatums nicht mehr genutzt werden.

Fehler vermeiden

Sie sollten ein paar Dinge beachten, dann können Sie häufige Fehler vermeiden.

1. Fortbildung
Homöopathie gehört zu den Erfahrungsheilkunden, d.h. sie beruht auf Erfahrungen und Ergebnissen die über viele Jahre und Generationen weitergegeben wurden. Um zu verstehen, wie die Homöopathie eingesetzt wird, ist Fortbildung sehr wichtig. Besuchen Sie Seminare, lesen Sie Fachbücher und suchen Sie den Austausch mit Berufskollegen. Nur wenn Sie Symptome erkennen UND die richtigen Mittel wählen, können Sie Ihren Bestand erfolgreich Homöopathie einsetzen.

2. Hilfe, das Mittel wirkt nicht!
Professionell gesetzte Mittel entfalten ihre Wirkung nach kurzer Zeit. Das ist vor allem dann wichtig, wenn beispielsweise hohes Fieber oder eine akute Erkrankung nach Linderung verlangen. Ein Mittel, dass im Notfall nach einer halben Stunde, bei minderschweren Fällen nach einem Tag überhaupt keine Wirkung zeigt, passt einfach nicht zur Symptomatik und bringt ihrem Tier nichts. Erhöhen Sie nicht planlos die Frequenz der Gaben, sondern holen Sie sich bitte rechtzeitig Rat bei Experten. Nur der richtige Wirkstoff kann Ihrem Tier helfen.

3. Mittelwechsel
Wenn das Tier wechselnde Symptome zeigt, ist es wichtig, dass Sie reagieren. Ein Mittelwechsel ist immer dann sinnvoll, wenn ein Symptom verschwunden ist, z.b. das Fieber durch eine Eingabe gesunken ist, das Tier danach aber noch Probleme beim Schlucken hat, oder das Euter nicht mehr heiß ist, aber Flocken sichtbar werden. Am Verlauf einer Erkrankung ist zu sehen, wie viele Gaben nötig sind: Bei schwerem Verlauf jede Viertelstunde oder Stunde, bei mittlerem Verlauf dreimal täglich, bei leichtem Verlauf einmal oder einmal die Woche. Geben Sie ein Mittel auf keinen Fall beliebig weiter ein, wenn es nicht wirkt! Höchstwarscheinlich haben Sie das falsche Mittel gewählt und sollten wechseln.

4. Antidotierung

Zwischen ätherischen Ölen, wie sie beispielsweise in Eutersalben oder in pflanzlichen Mitteln gegen Husten enthalten sind und homöopatischen Mitteln kann es zu Wechselwirkungen kommen. Ein ätherisches Öl kann die Wirksamkeit des homöopatischen Mittels beeinträchtigen oder ausschalten. Vermeiden Sie die gemeinsame Behandlung und Lagerung. Auch homöopathische Mittel können sich antidotieren. Camphora und Coffea wirken beispielsweise stark antidotierend.

5. Hautkontakt

Globuli sind Milchzuckerkügelchen, die mit dem jeweiligen Wirkstoff besprüht wurden und als Trägersubstanz dienen. Zwar sind die Wirkstoffe hochverdünnt, aber deshalb nicht weniger wirkungsvoll. Wenn Sie die Globuli von der bloßen Hand ins Tier geben, können Wirkstoffe in Ihren Körper gelangen. Dieser Teil der Wirkstoffe ist für das Tier außerdem dann verloren.

Tragen Sie stets Einmalhandschuhe, dann kommt der Wirkstoff dort an, wo er hin soll.

6. Geduld

Menschen brauchen Zeit und Ausdauer, wenn sie etwas neues Lernen möchten.

Geben Sie sich diese Zeit und seien sie nicht enttäuscht, wenn eine Medikation nicht klappt und sie zum Antibiotika greifen müssen. Kein Tier darf unnötig lange leiden, wenn es krank ist. Grundsätzlich gilt: lieber einmal zu früh als einmal zu spät Antibiotika geben. Es gibt immer Tiere, denen Aufgrund der Schwere ihrer Erkrankung oder einer Chronizität nicht mehr zu helfen ist. Hier können Sie das Tier palliativ unterstützen, bis es zum Schlachthof geht oder eingeschläfert wird. Die Homöopathie kann neben Fürsorge und Pflege ein Leiden erheblich erträglicher machen.

A–Z der 30 häufigsten Erkrankungen

HINWEIS:

Für die Indikation von A–Z gilt immer eine Anwendung in der Potenz C 30. Ausnahmen sind entsprechend gekennzeichnet.

Abort, Gebärmuttervorfall, Scheidenvorfall

Ein Abort kann viele Ursachen haben, und er kann in jedem Trächtigkeitsstadium vorkommen. Wichtig ist immer, der Ursache auf den Grund zu gehen und bei auffälligen Aborten den Fötus oder Embryo labordiagnostisch untersuchen zu lassen.

Viren, Bakterien, genetische Ursachen, Fütterung, Umgang, mangelnde Hygiene, Hundekot (Wirt von Neospora caninum), Mineralstoffmangel usw. können zum Abgang der Frucht führen. Geht der Abort mit Blutungen einher, besteht die Gefahr einer anschließenden Anämie.

Mit einem homöopathischen Mittel kann bei einem Verdacht auf einen Abort versucht werden, die Zeit zu überbrücken, bis der Tierarzt vor Ort ist. Wenn der Abort nicht verhindert werden kann, kann die Gabe des richtigen homöopathischen Mittels die Kuh bei der Regeneration der Gebärmutter unterstützen.

Bei einem Abort reicht es nicht, das Mittel einmal zu geben. Die Gabe muss in kurzen Abständen wiederholt werden. Sollte keines der Mittel vorrätig sein und der Abort mit einer Blutung einhergehen, können im Notfall auch die Blutungsmittel eingesetzt werden.

Auch Gebärmuttervorfall und Scheidenvorfälle verschiedenen Ausmaßes, vom kleinen Vorfall bis zur vollkommenen Ausstülpung von Scheide oder Uterus sind möglich. Calciummangel kann die Ursache für häufiger vorkommende Vorfälle sein. Die Reposition muss hier unbedingt durch den Tierarzt erfolgen, das austretende Gewebe ist bis dahin möglichst sauber auf feuchten Tüchern zu lagern. Auch hier kann die Homöopathie bei bindegewebsschwachen Kühen gut unterstützend eingesetzt werden.

INDIKATIONEN VON A–Z

Apis (Abort innerhalb den ersten drei Monate)

Aletris farinosa (Abort von älteren, müden Kühen)

Arnica (Reposition mit Verschluss)

Bovista (Uterusblutungen mit schwarzem, klumpigem Blut)

Crocus sativus (dunkle Klumpen ziehende Blutungen mit drohendem Abort)

Erigeron (spontaner oder drohender Abort mit Blutung, die sich bei geringster Bewegung zeigt)

Helonias (drohender oder unvollkommener Abort mit Erschöpfung; Gebärmuttervorfall bei sehr hochleistenden Kühen)

Kalium carbonicum (Neigung zu Abort; Abort im 2. oder 3. Monat)

Lilium tigrinum (Uterusprolaps mit anhaltendem Druck auf Blase und Harnleiter; ständiger Abgang kleiner Mengen Harn während Vorfall; kleinere Scheidenvorfälle bis faustgroß)

Podophyllum (Gebärmuttervorfall nach der Geburt)

Pulsatilla (drohender Abort im 8. Monat; Uterusprolaps, wenn es zur Konstitution passt)

Rhus toxicodendron (Zusatzmittel bei Uterusprolaps nach der Geburt, um die inneren Haltebänder zu straffen)

Sabina (akut drohender Abort; chronische Abortneigung)

Secale cornutum (Abort im 3. Monat mit dunklen dünnen Blutungen)

Sepia (Frühgeburt älterer Kühe während der ersten drei Monate; Uterusprolaps nach der Geburt; Uterusvorfall mit Scheidenvorfall)

Ustilago maydis (drohender Abort im 3. Monat; Abort mit Uterusblutungen)

SYMPTOME

Beschreibung	Homöopathische Mittel
Abortneigung	Sabina Kalium carbonicum
Abort älterer Kühe mit Bindegewebsschwäche	Sepia Aletris farinosa
Abort bis zum 3. Trächtigkeitsmonat mit und ohne Blutungen	Apis Crocus sativus Erigeron Secale cornutum Ustilago maydis
Bänderstraffung nach Reposition eines Uterusprolaps	Rhus toxicodendron
Drohender Abort oder Gebärmuttervorfall mit drohendem Abort	Helonias
Erschöpfung mit drohendem Abort	Helonias
Gebärmuttervorfall	Helonias Lilium tigrinum Pulsatilla
Gebärmuttervorfall nach der Geburt	Sepia Helonias Podophyllum Rhus toxicodendron
Gebärmuttervorfall mit anhaltendem Harn- und Kotdrang	Lilium tigrinum
Reposition mit Bühnerband	Arnica
Scheidenvorfall bis faustgroß	Lilium tigrinum
Scheidenvorfall mit Uterusvorfall	Sepia
Spätabort	Pulsatilla Crocus sativus Sabina
Uterusblutung bei geringster Bewegung	Erigeron

Beschreibung	Homöopathische Mittel
Uterusblutung klumpen- und fadenziehend	Crocus sativus Bovista
Uterusblutungen	Ustilago maydis Secale cornutum Crocus sativus Erigeron Bovista
Uterusprolaps mit Abortgefahr bei älteren Kühen mit schwachem Bindegewebe	Sepia

Angst vor / Furcht vor

Angst oder Furcht erklären sich schon aus dem zurückhaltenden Naturell der Rinder. Es sind eigentlich Flucht- und Beutetiere, die aber auch sehr neugierig sind. Im Stall sind Rinder zahlreichen Situationen ausgesetzt, die vor allem bei jungen unerfahrenen Tieren zu Angst und Furcht führen können. Auch Schreck, ausgelöst durch plötzlichen Lärm oder durch schlechte Behandlung, kann ängstliches Verhalten beim Tier hervorrufen. Ein ängstliches Tier hat Stress und versucht, bestimmte Situationen zu vermeiden, frisst schlechter und wird schneller krank. Der liebevolle und ruhige Umgang mit den Tieren im Stall und beim Melken durch alle Mitarbeiter ist für das Tier die beste Basis für eine angstfreie Zeit im Stall.

Es ist oft schwierig herauszufinden, warum gerade dieses Tier Angst hat und wovor. Es ist eine Sache der Beobachtung und des Verständnisses für das Tier und dessen Situation, die einem helfen kann, den Grund zu erkennen. Bei leichter Angst hilft auch die Eingabe einiger Tropfen der Bachblüten Rescue-Tropfen.

INDIKATIONEN VON A–Z

Aconitum C 1000 (Todesfurcht; Schreckhaftigkeit vor allem junger Färsen; Schreck oder Schock)

Argentum nitricum (hysterisch, schreckhaft und impulsiv aus Unsicherheit und Angst; Angst in engen Räumen, wie zum Beispiel dem Melkstand oder Warteraum)

Borax (Angst vor Abwärtsbewegungen; geht nicht vom Anhänger; überempfindlich gegen die geringsten Geräusche, dabei überlaunig; schreckt auf beim geringsten Geräusch)

Calcium phosphoricum (erschrecken aus dem geringsten Anlass; nervöse Ängstlichkeit; große schlanke Erstlingskühe nervös beim Melken; schlägt aus Unruhe das Melkzeug ab)

Chamomilla (Angst vor Berührung und vor dem Näherkommen; Abneigung gegen Berührung mit Milchhochziehen)

Gelseminum (zittert vor Angst; Angst vor allem; Prüfungsangst; Angst vor allem Neuen; Erwartungsspannung; Schreckhaftigkeit)

Hyoscyamus (ständige Angst vor allem)

Opium (Angst, Schock oder Schreck führen zu Verstopfung)

Natrium muriaticum (Angst durch Erwartungsspannung oft mit Trauervorgeschichte)

Nux vomica (Angst vor Licht, lauten Geräuschen; reagiert aggressiv bei Angst)

Phosphorus (kann nicht allein sein; Angst aus Nervenschwäche; vor Gewitter; wetterfühlig)

Silicea (Angst aus Mangel an Selbstbewusstsein; lässt sich von stärkeren Tieren verdrängen)

Stramonium (Angst im Dunkeln, vor Gewitter, spiegelnden und reflektierenden Gegenständen; plötzliche Panikattacken; Angst im Klauenstand)

SYMPTOME

Beschreibung	Homöopathische Mittel
Angst aus Erwartungsspannung mit Milchhochziehen	Argentum nitricum Gelseminum Natrium muriaticum Chamomilla, Aconitum
Angst und Abneigung gegen Berührung	Chamomilla Nux vomica Calcium phosphoricum
Angst aus mangelndem Selbst-bewusstsein	Silicea
Angst vor nassen, spiegelnden, reflektierenden Flächen	Stramonium
Angst mit Trauer nach Trennung von der Freundin	Natrium muriaticum
Geht nicht in den Melkstand	Argentum nitricum Gelseminum
Gewitterangst	Hyoscyamus, Phosphorus Stramonium
Erwartungsspannung	Gelseminum Argentum nitricum
Nervöse Ängstlichkeit	Calcium phosphoricum Borax
Platzangst	Argentum nitricum
Schreck/Schock plötzlich mit anschließenden Beschwerden	Aconitum, Opium Stramonium, Hyoscyamus Gelseminum, Argentum nitricum
Schreckhaft	Aconitum, Gelseminum Borax
Ständige Angst vor allem	Stramonium
Unruhige Erstkalbinnen	Calcium phosphoricum
Todesfurcht	Aconitum
Weigert sich, in den Melkstand zu gehen	Argentum nitricum Gelseminum wenn mit Stufe aufwärts oder abwärts Borax
Zittert vor Angst	Gelseminum, Hyoscyamus Phosphorus

Atemwegserkrankungen, Grippe

Atemwegserkrankungen treten sowohl bei Kälbern als auch im Kuh- und Maststall immer wieder auf. Früh eingesetzt, kann hier die Homöopathie große Dienste leisten. Wichtig ist die sofortige homöopathische Gabe, sobald die ersten Tiere Symptome zeigen. Nur so können sie optimal und schnell unterstützt werden. Das richtige Mittel zu finden, fällt am Anfang schwer. Hier haben wir mit Aconitum ein gutes Akutmittel, das aber nur im Anfangsstadium hilft, wenn die Tiere nach kaltem Wind oder Wetterumschwung morgens hustend im Stall stehen.

Im Bereich der Atemwegserkrankungen kann es zu schweren Verläufen kommen und es wird unvermeidbar, Antibiotika einzusetzen. Die Homöopathie kann aber immer zusätzlich eingesetzt werden und für das Tier von großem Nutzen sein.

Erste Anzeichen für einen Atemwegsinfekt sind zunächst meist vermehrter klarer Augen- und Nasenausfluss, bevor das Tier schwerer erkrankt. Ihre Tierbeobachtung ist also das wichtigste Instrument, um schnell handeln zu können.

INDIKATIONEN VON A–Z

Aconitum (plötzlich, akut; nach kaltem Nordostwind; erstes Mittel, sobald Tiere Symptome zeigen; Augenentzündung; Achtung: wenn die einmalige Gabe nicht wirkt, muss das Mittel gewechselt werden; gute Folgemittel sind **Belladonna** und **Ferrum phosphoricum**)

Allium cepa (Augenausfluss klar und wundmachend)

Ammonium carbonicum (Pumpen, Pusten; Atemnot)

Antimonium tartaricum (Schleimrasseln; erstickt an den eigenen Sekreten)

Apis (Pasteurellen-Infektion der Kälber in den ersten Lebenstagen; Augentrübung nach Grippe)

Belladonna (hohes Fieber; schwere Lungenentzündung; schwere Bronchitis; Augenentzündung)

Bryonia (trockener Husten; liegt auf dem Brustbein; Husten nach oder durch Kälte)

Coccus cacti (Husten anfallsweise; morgens und nachts schlimmer; bessert sich durch Trinken)

Cuprum (krampfartiger Husten; Kehlkopfentzündung)

Drosera (Keuchhusten)

Dulcamara (nasskaltes Wetter; Wetterumschwung; jede Entzündung schlägt auf die Augen)

Eupatorium perfoliatum (Schmerzen wie zerschlagen; hohes Fieber; will sich nicht bewegen)

Euphrasia (klarer Ausfluss von Auge und Nase; Augenausfluss scharf; Nasenausfluss mild)

Ferrum phosphoricum (Fieber über 39 °C; Lungenentzündung mit großem Durst)

Hepar sulfur (weißlicher Nasenausfluss; braucht viel Wärme; Husten schlimmer durch Kälte)

Hydrastis (Nasenausfluss fadenziehend; Mittelohrentzündung; Kalb lässt die Ohren hängen)

Hyoscyamus (Erstickungsgefühl beim Schlucken und Trinken)

Ipecacuanha (Bronchitis mit rasselndem Husten bei feucht-warmen Wetter; Keuchhusten; Nasenausfluss blutig)

Kalium bichromicum (fadenziehender Nasenausfluss; Rotz hängt aus der Nase bis auf den Boden)

Kalium jodatum (akute Lungenentzündung; Erstickungsgefühl)

Phosphorus (wiederkehrende Atemwegserkrankungen; anhaltender Husten; Tuberkulose; Nasenausfluss blutig)

Pasteurella-Nosode (bei nachgewiesenem Pasteurellen-Problem im Bestand; bei Saugkälbererkrankung sofort nach der Geburt mit der Gabe beginnen)

Pulsatilla (gelblich-grüner Nasenausfluss; wechselhafte Beschwerden)

Rumex (Husten schlimmer durch oder Einatmen von kalter Luft; Temperaturwechsel)

Spongia (trockener Husten nachts; bellender, sägender Husten nachts; besser durch Trinken)

Sticta (Nasenverstopfung; trocken und krustenbildend; Stirnhöhlenentzündung)

Rhus toxicodendron (Husten durch nasskaltes Wetter)

Tartarus stibiatus (feuchtes Rasselgeräusch; erstickt fast an den Bronchialsekreten)

Tuberculinum (Atemwegsinfekte und Kehlkopfentzündungen sofort nach der Geburt)

SYMPTOME

Beschreibung	Homöopathische Mittel
Augenausfluss klar	Aconitum Allium cepa Euphrasia Dulcamara
Augenentzündung	Belladonna Dulcamara Eupatorium perfoliatum Pulsatilla
Augenausfluss gelb/eitrig	Pulsatilla Hepar sulfuris Belladonna
Ausfluss Nase blutig	Phosphorus Ipecacuanha
Ausfluss Nase klar	Aconitum Euphrasia Allium cepa
Ausfluss Nase gelb	Pulsatilla
Ausfluss Nase weiß	Hepar sulfuris
Bronchitis	Belladonna Bryonia Tartarus stibiatus Ammonium carbonicum
Erkältung mit Augenentzündung	Dulcamara
Fadenziehender Ausfluss Nase und hängende Ohren	Kalium bichromicum Hydrastis Tartarus stibiatus

Beschreibung	Homöopathische Mittel
Fieber hoch	Aconitum Belladonna Ferrum phosphoricum Eupatorium perfoliatum
Fieber mit Abgeschlagenheit	Belladonna Eupatorium perfoliatum Ferrum phosphoricum
Grippe	Belladonna Eupatorium perfoliatum Ferrum phosphoricum Rhus toxicodendron Tuberculinum
Husten anfallsweise	Coccus cacti
Husten nach dem Aufstehen	Ferrum phosphoricum Coccus cacti
Husten bellend/ brüllend	Spongia, Hepar sulfur Drosera
Husten krampfartig	Cuprum Ipecacuanha
Husten morgens	Rumex Coccus cacti
Husten nachts	Rumex Coccus cacti Belladonna Hyoscyamus
Husten trocken	Bryonia Spongia
Husten rasselnd, erstickend	Ipecacuanha Ammonium carbonicum Tartarus stibiatus
Husten nach nasskaltem Wetter	Aconitum Dulcamara Rhus toxicodendron
Kälberhusten mit anschließender Trübung der Augen	Apis

Beschreibung	Homöopathische Mittel
Lungenentzündung	Belladonna Phosphorus Bryonia Tuberculinum
Pasteurellen-Infektion	Pasteurella-Nosode Aconitum Apis Belladonna
Pumpen und Fieber	Ammonium carbonicum Belladonna Kalium jodatum Tuberculinum
Schleimrasseln	Tartarus stibiatus Ammonium carbonicum
Wetterumschwung insgesamt	Aconitum Belladonna Dulcamara Drosera Rumex

Aufblähung (Tympanie)

Gründe für die Aufblähung von Pansen oder Abdomen bei Rind, Kuh oder Kalb können blähendes Futter, Futterumstellung, zu kalte Milch, Verstopfung, Darmverschluss sein. Auch eine genetische Dysfunktion kommt als Ursache infrage. Es ist wichtig vor der Mittelwahl zu überlegen, was der Auslöser oder die Ursache der Tympanie sein könnte. Als Zusatz zur Homöopathie hat sich das Tränken mit Fencheltee als hilfreich erwiesen. Es hilft dem Tier, die Gase im Darm schneller loszuwerden.

Eine schwere oder länger andauernde Tympanie bedarf der Behandlung durch den Tierarzt.

INDIKATIONEN VON A–Z

Aethusa (saurer Kälberdurchfall mit aufgeblähtem Bauch und starker Entkräftung)

Asa foetida (aufgetriebener Bauch; kein Abgang von Blähungen; umgekehrte Peristaltik)

Barium carbonicum (Blähung der Kälber mit Milchunverträglichkeit; lecken an der Wand)

Bryonia (Verstopfung und Trockenheit der Darmwände)

Calcium carbonicum (pastöser Kälberdurchfall mit Aufblähung durch Milchunverträglichkeit schwerer Kälberrassen oder schwerfälliger Kälber kurz nach der Geburt)

Carbo vegetabilis (Aufblähung nach dem Fressen oder Saufen)

China (wird nicht besser durch Abgang von Winden; Rumoren im Bauch)

Colchicum (schwere Aufblähung mit klarem, geleeartigem Durchfall)

Lycopodium (Aufblähung der Kälber; besser durch Abgang von Winden)

Nux vomica (Futterumstellung oder Futterunverträglichkeit)

Plumbum (Pansenlähmung; Darmlähmung)

SYMPTOME

Beschreibung	Homöopathische Mittel
Aufblähung, Abgang von Blähungen bessert die Symptome	Lycopodium
Aufblähung mit Rumoren, Abgang von Blähungen bessert Symtomatik nicht	China
Aufblähung nach dem Fressen oder Trinken	Carbo vegetabilis Lycopodium
Aufblähung mit Milchunverträglichkeit, saurem Durchfall und starker Entkräftung	Aethusa
Aufblähung mit Milchunverträglichkeit und klarem oder geleeartigem Durchfall	Colchicum
Aufblähung mit Milchunverträglichkeit mit pastösem oder käsigem Durchfall	Barium carbonicum Calcium carbonicum
Aufblähung aufgrund von Verstopfung	Bryonia
Aufblähung, Abgang von Gasen nicht möglich	Asa foetida
Darmlähmung	Plumbum Lycopodium
Darm- oder Pansenstillstand, Darm oder Pansen arbeitet nicht oder nur wenig	Plumbum Asa foetida
Futterumstellung mit Aufblähung	Nux vomica Lycopodium
Umstellung auf Milchtauscher mit Blähungen	Kalb mit Kuhmilch tränken Nux vomica

Blutungen, Operationen

Bei Rangstreitigkeiten, Aufspringen von brünstigen Tieren, Geburten, Klauenschneiden und sonstigen Maßnahmen am Tier kann es zu Verletzungen und Blutungen kommen.

Es gibt viele Homöopathika, die blutungsstillend wirken können und auch Substanzen, die bei Operationen die Folgen für das Tier sichtbar mildern und es beim Heilungsprozess unterstützen.

Während eine Gabe Arnica vielleicht ausreicht, um eine Blutung zu stillen, sollten postoperative Mittel über mehrere Tage gegeben werden.

INDIKATIONEN VON A–Z

Arnica C 200 (hellrote Blutungen; Quetschung; Zerrung; Verletzungsfolgen; Prellung)

Bellis perennis (Schmerzen nach OP; Narbenheilung; Prellung, frische und alte Blutergüsse)

Bovista (Uterusblutungen)

Calendula (zur Wundheilungsförderung; blutende, heilende Wunden und OP-Narben)

China (Nachbehandlung nach hohem Blutverlust)

Erigeron (hellrote Gebärmutterblutungen; Blutungen stärker durch geringste Bewegung)

Hamamelis (Verletzungsschmerzen; Nasenbluten; dunkle venöse Blutungen)

Ipecacuanha (Blutmelken; Blutungen aus Nase oder Gebärmutter; Blut im Urin)

Lachesis (Blutungsneigung; neigt schnell zu starker Blutung und Blutergüssen)

Ledum (Blutungen nach Stichverletzungen zusammen mit **Arnica** geben; Nageltritt; Insektenstiche, die sich entzünden)

Melilotus officinalis (Nasenbluten; schwere Blutung; herabgesetzte Gerinnungsfähigkeit)

Millefolium (hellrote, arterielle Blutungen jedweder Art; Bluthusten; Blutharnen)

Phosphorus (Blutungsneigung; Blutmelken; Blutschwitzen Kälber)

Staphysagria (Schnittverletzungen; Labmagen-OP; Kaiserschnitt-OP)

Sulfuricum acidum (Blutergüsse; Neigung zu Blutergüssen; folgt gut auf **Arnica**)

SYMPTOME

Beschreibung	Homöopathische Mittel
Blutungsneigung	Phosphorus Lachesis Melilotus officinalis Sulfuricum acidum
Blutende Stichwunde	Arnica und Ledum
Blutmelken, Erdbeermilch	Ipecacuanha Phosphorus Hamamelis Arnica Bellis perennis
Blutschwitzen Kälber	Phosphorus
Blutverlust hoch	China Arnica
Gebärmutterblutungen	Sabina Erigeron Arnica
Kaiserschnitt	Arnica Bellis perennis Staphysagria Calendula
Hellrote Blutung schlimmer durch die geringste Bewegung	Erigeron

Beschreibung	Homöopathische Mittel
Labmagenoperationen	Arnica Ledum Staphysagria Bellis perennis Calendula
Nabelbluten	Arnica Hamamelis Lachesis Millefolium Phosphorus
Nageltritt	Ledum Arnica Bellis perennis
Nasenbluten	Arnica Melilotus officinalis Millefolium
Operation insgesamt	Bellis perennis Staphysagria Arnica Calendula
OP-Narben, die eitern	Hepar sulfuris Silicea
Uterusblutung	Bovista

Durchfallerkrankungen und Verstopfung

Bei jeder längeren Durchfallerkrankung muss der Erreger abgeklärt werden. Zum einen, um ansteckende Erreger auszuschließen, aber auch, um akut oder prophylaktisch homöopathische Mittel einsetzen zu können. Auch der Einsatz von Nosoden ist nur sinnvoll, wenn die Durchfallerreger des eigenen Betriebes bekannt sind. Eventuell kann die Nosode bereits bei der trockenen Kuh eingesetzt werden.

Stellen Sie dem Tier ausreichend Flüssigkeit zur Verfügung und kontaktieren Sie Ihren Tierarzt. Kälber können schnell austrocknen und übersäuern, was zu einer tödlichen Azidose führen kann. Eichenrindentee mit Traubenzucker und etwas Salz, zur freien Verfügung gestellt, wird vom Kalb meist gern angenommen.

KOMBINATION

Die einzelnen Mittel können bei unterschiedlichen Symptomen miteinander kombiniert werden, zum Beispiel Arsenicum album mit Rheum bei stechend stinkendem Geruch des Durchfalls.

INDIKATIONEN A–Z

Aloe (schleimig, grünlich, blutig; Rota-Corona-Durchfälle; Kryptosporidien)

Alumina (Verstopfung; Kot kommt nur unter großer Anstrengung; Darmatonie; Kot kommt erst nicht und dann in einer großen Menge)

Arsenicum album (stinkend; Ursache unklar; Anämie nach Durchfall)

Asarum europaeum (gelber fadenziehender Durchfall sehr lärmempfindlicher Tiere)

Borax (grünlicher, schleimiger Durchfall)

Bryonia (Verstopfung; Kot wie Schafskot; Kot sieht aus wie verbrannt)

Calcium carbonicum (pastöser Kot bei Milchunverträglichkeit und Pansentrinkern)

Capsicum (Kot schleimüberzogen; blutdurchzogen mit Gelenkschmerzen; schlimmer nach dem Tränken)

Carbo vegetabilis (drohender Kreiskaufkollaps; liegt in den Exkrementen; Coli)

Chamomilla (grünlicher Durchfall; Durchfall bei Zahnwechsel)

China (Säfteverlust durch Durchfall; Anämie durch oder nach Durchfall; den Tieren ist kalt)

Colchicum (Herbstdurchfälle mit klaren, geleeartigen oder blutigen Durchfällen; Gelenkschmerzen)

Dioscorea (Tiere biegen den Rücken durch; Bauchkrämpfe mit Durchfall; auch blutig)

Dulcamara (Durchfall durch nasses, feuchtes Wetter; nach Wetterumschwung)

Graphit (Durchfall braun, flüssig mit Futterresten; stinkend; Verstopfung)

Ipecacuanha (Sommerdurchfall; schaumig, stinkend; Kokzidien; Verdauungsstörungen; starke Übelkeit; Kot mit blutigen Streifen)

Lycopodium (starke Blähung; Rumpeln im Bauch; Tiere saufen nur wenig oder schlecht; Kot spritzt aus dem Anus heraus)

Magnesium carbonicum (Milchunverträglichkeit; weißer bis heller Kot bei Leberbeteiligung)

Mercurius und **Mercurius corrosivus** (blutige Durchfälle; Coli)

Nux vomica (Durchfall nach oder durch Futterumstellung; nach Antibiotikagaben; Futterintoxikation; Verdauungsstörungen; blutige Streifen im Kot)

Okoubaka (Durchfall nach verdorbenem Futter; Intoxikation durch Futterfehler)

Phosphorus (Kot läuft passiv aus dem After heraus; blutig)

Podophyllum (Hydranten-Stuhl; Durchfall schießt aus dem After; Aftervorfall; Stuhl blutig, gallertartig)

Pulsatilla (Kot täglich anders; Verdauungsstörungen; gelber schleimiger Kot; Verstopfung wechselt sich mit Durchfall ab und umgekehrt; Hydranten-Stuhl)

Rheum (Durchfall riecht stechend; Übersäuerung der Kälber)

Sulfur (wundmachender Durchfall; Durchfall nach oder durch Antibiotikaeinsatz)

Veratrum album (liegt in den Exkrementen; kalte Extremitäten; Kreislaufkollaps bei Durchfall; Notfallmittel; Coli)

Nosoden (Coli; Rota/Corona; Kryptosporidien; Kokzidien schon den Kühen in der Trockenstehzeit geben)

SYMPTOME

Beschreibung	Homöopathische Mittel
Aftervorfall	Podophyllum
Bauchkrämpfe	Dioscorea Lycopodium Nux vomica
Blähungen	Aloe Carbo vegetabilis Lycopodium
Coli-Durchfall	Carbo vegetabilis Veratrum album, Mercurius Coli-Nosode
Futterintoxikation	Okoubaka Nux vomica
Futterumstellung	Nux vomica Okoubaka Sulfur
Gelenkschmerzen und Durchfall	Colchicum
Gurgeln im Bauch nach dem Fressen oder Saufen	Aloe
Herbstdurchfälle	Colchicum
Kokzidien	Ipecacuanha
Kot läuft passiv aus dem After	Phosphorus
Kot schießt im Schwall aus dem After, Hydranten-Stuhl	Podophyllum
Kreislaufkollaps	Carbo vegetabilis Veratrum album
Kryptosporidien	Aloe Kryptosporidien-Nosode
Milchunverträglichkeit	Calcium carbonicum Magnesium carbonicum
Rota, Corona	Aloe Rota/Corona-Nosode
Rekonvaleszenz nach Durchfall-erkrankung	China
Sommerdurchfall	Ipecacuanha

Beschreibung	Homöopathische Mittel
Übersäuerung	China Rheum
Ursache unklar	Arsenicum album
Wechselhafte Konsistenz, kein Kotabsatz gleicht dem anderen	Pulsatilla
Wetterumschwung	Dulcamara

FARBE

Beschreibung	Homöopathische Mittel
Blutig	Colchicum Mercurius und Mercurius corrosivus Aloe Dioscorea Colchicum Podophyllum Phosphorus Ipecacuanha
Blutige Streifen	Nux vomica Ipecacuanha Mercurius Podophyllum Capsicum
Braun	Arsenicum album Mercurius Graphit
Dunkelbraun	Arsenicum album Mercurius Natrium sulfuricum
Gelb	Pulsatilla Podophyllum Dulcamara
Gelb, fadenziehend	Asarum europaeum

Beschreibung	Homöopathische Mittel
Grau	Arsenicum album Phosphorus Calcium carbonicum Magnesium phosphoricum
Grünlich	Borax Chamomilla Pulsatilla Cuprum arsenicosum Mercurius corrosivus
Hellbraun	Silicea
Schwarz	Arsenicum album

GERUCH

Beschreibung	Homöopathische Mittel
Aashaft	Arsenicum album
Sauer	Rheum
Stechend	Rheum
Widerlich stinkend	Arsenicum album Graphit

KONSISTENZ

Beschreibung	Homöopathische Mittel
Gallertartig	Aloe Colchicum Podophyllum Capsicum
Herausschießend	Phosphorus Podophyllum
Schaumig	Ipecacuanha
Schleimig	Phosphorus Aloe Capsicum
Wässrig	Arsenicum album Veratrum album Sulfur Podophyllum Colchicum Chamomilla

VERSTOPFUNG

Beschreibung	Homöopathische Mittel
Darmatonie	Alumina
Muss lange pressen, bis sich Kot entleert	Alumina
Verstopfung, Kot sieht wie verbrannt aus	Bryonia
Verstopfung und dann Abgang großer Mengen Kot	Alumina
Verstopfung wechselt sich mit Durchfall ab und umgekehrt	Pulsatilla

Festliegen und Festliegen nach der Geburt

Es gibt einige Gründe, warum Kühe nach der Geburt festliegen: Calcium- oder Phosphormangel, Klauenrehe (Hitze und Entzündung in den Klauen feststellbar) und neurologische Gründe durch Rückenmarksquetschungen während oder durch die Geburt.

Ein weiterer häufiger und wichtiger Grund ist die Trauer um das Kalb. Einer festliegenden Kuh sollte immer zunächst ihr *eigenes* Kalb zurückgegeben werden, um ein Festliegen aus Trauer um das Kalb auszuschließen. Setzen Sie die genannten Mittel nur ein, wenn Sie Milchfieber ausschließen können.

Prophylaxe gegen Festliegen siehe im Kapitel „Kuh, rund um die Geburt“.

INDIKATIONEN VON A–Z

Acidum phosphoricum (körperliche und geistige Schwäche und Traurigkeit nach der Geburt)

Aesculus hippocastanum (stechende Schmerzen im Kreuz; kommt nicht hoch)

Arnica (Muskelkater durch die Geburt; gilt als gutes Stärkungsmittel vor der Geburt gegeben)

Aurum metallicum (Festliegen durch Trauer um das Kalb; Tiere wirken apathisch)

Bellis perennis (schwere Geburt mit Quetschungen des Geburtskanals; Wundschmerz nach der Geburt)

Conium (Schwäche in den Hinterbeinen)

Hypericum (Verletzung des Rückenmarks durch Zug oder Schwergeburt)

Ignatia (hier ist beides möglich: stiller Kummer, aber auch lautstarkes Rufen nach dem Kalb)

Kalium carbonicum (Schwäche nach Zwillingsgeburt; Festliegen nach Geburt)

Lathyrus sativus (fortschreitende Schwäche in den Hinterbeinen; auch spastische Lähmung oder Nervenlähmung)

Natrium chloratum (stiller Kummer nach der Trennung vom Kalb; Kuh liegt apathisch im Stall, Schwäche in den Hinterbeinen)

Nux vomica C 200 (Klauenrehe; Puls im Zwischenklauenbereich, in den Hinterklauen deutlich fühlbar. Unbedingt Klauen mit kaltem Wasser kühlen und Nux vomica C 200 im Wechsel mit **Belladonna** und **Carduus marianus** geben; bei Stoffwechselproblemen)

Phosphorus (Calcium wurde gegeben; Phosphor fehlt, um dieses in die Knochen einzulagern)

Propolis (Herzmuskelschwäche und Festliegen; Virusinfekt und Festliegen)

Pulsatilla (Kuh schreit nach der Trennung vom Kalb und liegt fest)

Rhus toxicodendron (Kreuzschmerzen; Überanspruchung durch die Geburt; kalt oder nass geworden bei der Geburt)

SYMPTOME

Beschreibung	Homöopathische Mittel
Festliegen durch Mineralstoff-wechselstörung	Calcium carbonicum, Calcium phosphoricum, Magnesium phosphoricum, Phosphorus) siehe Kapitel „Kuh, rund um die Geburt“
Festliegen mit heißem Zwischen-klauenspalt / Klauenrehe	Nux vomica, Hypericum
Festliegen aufgrund von Herz-muskelschwäche und Lähmung	Propolis, Magnesium phosphoricum
Festliegen durch Lähmungen in den Hinterbeinen oder im Rücken	Arnica, Bellis perennis, Conium, Lathyrus sativus, Hypericum, Natrium muriaticum, Rhus toxicodendron
Festliegen durch Kreuzschmerzen	Aesculus hippocastanum, Arnica, Hypericum, Nux vomica, Rhus toxicodendron
Festliegen durch Nerven-quetschungen	Arnica, Hypericum, Rhus toxicodendron
Festliegen und ruft laut nach dem Kalb	Ignatia, Pulsatilla
Festliegen durch Schwäche insgesamt nach der Geburt	Acidum phosphoricum, Arnica, Bellis perennis, Kalium carbonicum
Festliegen nach Schwergeburt	Arnica, Bellis perennis, Hypericum, Kalium carbonicum
Festliegen durch Trauer	Kalb zurück zur Kuh geben und Aurum, Ignatia oder Natrium muriaticum, Pulsatilla
Festliegen nach Zwillingsgeburt	Kalium carbonicum
Stoffwechselprobleme	Nux vomica

Fieber und Schmerzen

Fieber ist das Zeichen einer Infektion nach dem Eintritt von Bakterien oder Viren in den Körper. Durch den Anstieg der Körpertemperatur sollen die Erreger abgewehrt werden. Zähneknirschen und Stöhnen deuten auf starke Schmerzen beim Tier hin – auch wenn dies nicht immer von Fieber begleitet wird. Fremdkörper, Stoffwechselprobleme oder Koliken können ein Grund hierfür sein. Auch der Zahnwechsel bei Kälbern ist hier zu erwähnen, weil dadurch Entzündungen im Mundbereich auftreten können, die oft unerkannt bleiben.

Manchmal ist die Ursache für Fieber oder Schmerzen nicht sofort sichtbar oder die Symptomatik noch unklar. In der Homöopathie gibt es einige Mittel, die bei schnellem Einsatz Linderung bringen können, bis mit dem Tierarzt die Ursache geklärt ist.

INDIKATIONEN VON A–Z

Aconitum (plötzlich hohes Fieber, vor allem nach kaltem Wind; schmerzstillend; hohes Fieber noch ohne Lokalisation des erkrankten Organs, bzw. zu Beginn einer Infektion)

Arnica (lindert Schmerzen nach dem Enthornen, Klauenschnitt, Geburt, Operation)

Belladonna (hohes Fieber und schwere Schmerzen bei jeder Art von lokalisierter Entzündung; Stöhnen; Zähneknirschen)

Chamomilla (Zahnschmerzen mit Durchfall; übermäßiges Stöhnen; extreme Schmerzempfindlichkeit; Schmerzen mit Abneigung gegen Berührung; Schmerzen schlimmer in der Nacht; Bauchschmerzen; Kolik; wirkt entzündungshemmend)

Coffea (schmerzempfindlich; Schmerzen schlimmer durch Lärm oder Aufregung; Schmerzen mit großer Unruhe; berührungsempfindlich; Zahnschmerzen mit großer Erregung)

Ferrum phosphoricum (hohes Fieber mit oder ohne Symptome einer Lungenerkrankung)

Ledum (Schmerzen mit oder ohne Entzündung nach einer Stichverletzung)

Pyrogenium (Fieber bei schwerer Mastitis; Fieber hoch und Puls tief oder umgekehrt)

SYMPTOME

Beschreibung	Homöopathische Mittel
Fieber und Schmerzen mit Abneigung gegen Berührung	Chamomilla
Fieber hoch	Aconitum Belladonna Ferrum phosphoricum
Fremdkörper	bei Verdacht sofort Tierarzt verständigen siehe unter „Fremdkörper“
Entzündung mit starken Schmerzen und evtl. Fieber	Belladonna Pyrogenium
Knirscht mit den Zähnen vor Schmerzen	Belladonna Chamomilla
Schmerzlinderung nach dem Klauenschneiden, Enthornen, Geburt	Arnica Aconitum Coffea
Schmerzen mit Stöhnen	Belladonna
Schmerzen nach Stichverletzung	Ledum Arnica
Stöhnen	Belladonna
Überempfindlich gegen Schmerzen	Chamomilla Coffea
Zähneknirschen bei Schmerzen	Aconitum Belladonna
Zahndurchbruch mit Schmerzen, Durchfall oder Kolik	Chamomilla Belladonna
Zahndurchbruch der Kälber mit heißem Maul und übermäßiger Erregung	Coffea

Fremdkörper, Schlundverstopfung

Das Rind kaut die Nahrung nicht, sondern schluckt sie direkt hinunter, um sie später wieder heraufzuholen und beim Wiederkauen nochmals zu zerkleinern und durchzuspeicheln. Manches Grobfutter wird in zu großen Bissen hinuntergeschluckt. Dabei können Futtermittel in der Speiseröhre hängen bleiben (zum Beispiel ein größeres Stück von Rüben, Kartoffeln oder Äpfeln von der Weide). Auch Fremdkörper aus Holz, Metall oder Kunststoff können aus dem Stall über das Futter in das Tier gelangen. Beim Schlucken wandern die Fremdkörper dann in die Vormägen.

Fast jeder Fremdkörper ist ein akuter Notfall und Bedarf der sofortigen Behandlung durch den Tierarzt!

Bei feststeckenden Futtermitteln im Schlund kann es zu Tympanie, Speichelfluss und Panik kommen. Hier kann man als erste Hilfsmaßnahme versuchen, den Schlund vom Kopf in Richtung Brust auszustreichen.

Bei Fremdkörpern in den Vormägen kommt es zum Aufziehen des Rückens und die Tiere suchen Entlastung, indem sie sich hinten tiefer stellen als vorne. Der Tierarzt wird bei metallischen Gegenständen versuchen, einen Magneten ins Tier zu bringen, um ein weites Wandern in die Verdauungsorgane zu verhindern.

Bis der Tierarzt kommt, kann das Tier homöopathisch nur aufgrund der Symptomatik unterstützt und bei eventuellen Folgeerkrankungen begleitet werden.

INDIKATIONEN VON A–Z

Belladonna (hohes Fieber; wenn der Verdacht auf Fremdkörper besteht; Schlundverstopfung)

Bryonia (akute Fremdkörperperitonitis)

Colocynthis (Fremdkörper im Magen; Rücken hochgezogen; Gasabgang; Kolik; tritt nach dem Bauch)

Lachesis (Fremdkörper im Schlund)

Lobelia (große Angst und Panik mit Atemnot bei Fremdkörper im Hals)

Opium (fehlender Schuckreflex; alle 5–10 Minuten geben)

Plumbum (kahnartig eingezogener Bauch; keine oder verminderte Peristaltik des Pansens)

Silicea (Austreibung des Fremdkörpers aus dem Gewebe)

SYMPTOME

Beschreibung	Homöopathische Mittel
Angst und Panik bei Fremdkörper im Hals	Lobelia Belladonna
Austreibung eines Fremdkörpers	Silicea
Bauch wird kahnartig eingezogen	Plumbum
Fieber und Verdacht auf Fremdkörper	Belladonna
Fremdkörper im Schlund	Lachesis Lobelia Belladonna
Fremdkörperperitonitis	Bryonia
Kolik und Fremdkörperverdacht	Belladonna und Colocynthis
Rücken hochgezogen	Colocynthis
Schluckreflex fehlend	Opium
Schlundverstopfung	Lobelia Lachesis Belladonna

Fruchtbarkeit

Fruchtbarkeitsproblemen können verschiedenste Ursachen zugrunde liegen. So kann es sich zum Beispiel um eine schwache Brunst handeln, um Brunstlosigkeit, Zysten, persistierende Gelbkörper oder Dauerbrünstigkeit, um nur einige zu nennen. Ebenso können ein Hormonmangel und Schmerzen im Bewegungsapparat und Stoffwechselprobleme durch Fütterungsfehler (Mangel von Calcium, Selen, Beta-Carotin, Azidose, Ketose) verantwortlich sein. Diese Ursachen sind entsprechend zu beseitigen. Auch eine nicht ausreichend behandelte oder unentdeckte Metritis kann der Grund für Fruchtbarkeitsstörungen sein (siehe „Metritis").

Natürliches Licht hat einen positiven Einfluss auf die Fruchtbarkeit. Bei Hormonschwäche kann der Einsatz der entsprechenden Nosoden (Östrogenum, Luteinum) hilfreich sein.

INDIKATIONEN VON A–Z

Agnus castus (Brunstlosigkeit durch persistierenden Gelbkörper; Brunstschwäche junger Tiere oder Deckunlust der Bullen nach zu häufigem Decken; Impotenz)

Aletris farinosa (Sterilität bei alten Kühen; Schwäche und Müdigkeit)

Apis (Zysten vor allem rechts; Zyklus zu kurz und Brunst zu lang; Gelbkörper persistiert; Scheide ödematös; eine Folgebehandlung mit **Pulsatilla** ist sinnvoll)

Aurum metallicum (Dauerbrunst; viele kleine oder eine sehr große Zyste auf dem Ovar; oft eher schwere, reizbare und angriffslustige Tiere; Sterilität)

Belladonna (rechtseitige Zysten mit Schmerzen; Entzündungen im Genitalbereich)

Borax (Unfruchtbarkeit von übererregten, lärmempfindlichen Tieren; sexuelle Unlust; Sterilität)

Bufo (Dauerbrünstigkeit eher zarterer, übererregter Tiere; Scheide ödematös)

China (Erschöpfung durch hohe Milchleistung führt zur Hormonschwäche)

Cyclamen (stille Brunst; anämische Kühe; müde Tiere, die lieber im Stall bleiben)

Kalium jodatum (Unterfunktion oder schlecht ausgebildete Ovarien bei Jungtieren; Schrumpfhoden)

Lachesis (Zysten vor allem linksseitig; Tier lässt sich sehr ungern untersuchen)

Lycopodium (Zysten eher rechts mit Leberbelastung; Tiere fressen oft schlecht oder haben einen aufgeblähten Bauch)

Natrium chloratum (Sterilität durch zu viel oder zu wenig Salzfütterung oder Traurigkeit)

Palladium (rechtseitige Eierstockzysten mit Schmerzen, die sich bei Erschütterung verstärken)

Phosphorus (Typmittel für große, leistungsstarke Kühe mit Uteruswucherungen)

Platinum metallicum (Zysten linke Seite; stolze Kühe; Dauerbrünstigkeit; will sich nicht decken lassen)

Pulsatilla (verspätete oder verzögerte Brunst; hormonelle Schwäche von Tieren mit sehr harmonischem Körperbau)

Sabal serrulatum (unterentwickelter Hoden; unterentwickeltes Euter bei jungen Tieren)

Selenium metallicum (stille Brunst durch Selenmangel; Fütterung überprüfen)

Sepia (ältere Kühe mit hormoneller Schwäche und später oder schwacher Brunst)

Nosoden C 200 (**Östrogenum** für die Brunst; **Luteinum** zur Stimulation des Eisprungs)

SYMPTOME

Beschreibung	Homöopathische Mittel
Brunst verspätet	Pulsatilla Sepia Luteinum
Brunst verlängert	Apis
Brunstlosigkeit siehe auch unter „Sterilität“	Agnus castus Borax China Östrogenum
Dauerbrunst durch Zysten	Aurum metallicum Platinum Bufo
Deckunlust	Agnus castus Borax Platinum metallicum Sepia
Gelbkörper persistiert	Agnus castus Apis
Schwäche und Müdigkeit mit Sterilität	Aletris farinosa China
Schwellung der Scheide ödematös	Apis Bufo
Sterilität	Aletris farinosa Aurum Borax Natrium chloratum
Stille Brunst	Cyclamen, Luteinum Agnus castus Pulsatilla
Überempfindlichkeit gegen äußere Einflüsse mit Unfruchtbarkeit	Borax
Unterentwickelte oder zu kleine Ovarien oder Hoden	Kalium jodatum Sabal serrulatum

Beschreibung	Homöopathische Mittel
Zysten links	Lachesis Platinum metallicum
Zysten rechts	Apis, Luteinum Aurum Belladonna Lycopodium Palladium

Harnwegserkrankungen, Nierenerkrankungen

Eine Überbelastung der Nieren zeigt sich vor allem durch Euterödeme, Gelenkschwellungen oder trockenes und staubiges Fell (die Haut wird auch als die dritte Niere bezeichnet). Auch eine hohe Salzfütterung belastet die Nieren; es kann zu verstärkten Wassereinlagerungen im Gewebe kommen. Ebenso können übertragene Kälber die Nierentätigkeit der trächtigen Kuh stark belasten und es entsteht ein ähnliches Bild wie bei der Gestose der Frau. Eine fütterungsbedingte Ketose belastet die Nieren, denn sie müssen die massenhaft anfallenden Ketonkörper über den Urin entsorgen. Giftstoffe aus dem Futter können sich in den Gelenken ablagern und dort zu Lahmheiten bzw. geschwollenen oder schmerzhaften Gelenken führen.

Aus diesen vielen Gründen ist den Nieren ein besonderes Augenmerk zu schenken und es ist deshalb von besonderer Bedeutung und Wichtigkeit, die Nieren zu stärken.

Wichtigste Maßnahme ist immer die Behebung der Ursache für die Nierenbelastung, die oft ein Bestandsproblem ist.

INDIKATIONEN VON A–Z

Apis (Euterödem; Nierenerkrankungen mit Schwellung des ganzen Körpers; kaum Harnausscheidung; durstlos; Ödeme der Gelenke)

Apocynum (wichtigstes Mittel bei Nierenerkrankungen mit hochgradiger wassersüchtiger Schwellung an einzelnen Teilen oder des ganzen Körpers; Harnausscheidung gering; Anasarka; Aszites; Bauchwassersucht)

Arsenicum album (starker Harndrang; akute Nierenentzündung mit schleimig blutigem Urin; unkontrollierter Harnabgang)

Benzoicum acidum (Harnsediment; Urin übelriechend mit Schmerzen in den Gelenken; Nierensteine; Blasensteine)

Berberis (Nierensteine; Blasensteine; Sedimente; Steifheit im Nierenbereich des Rückens; Harnsäureüberladung mit Gelenkschmerzen; trockene Haut)

Cantharis (brennende Schmerzen; ständiger Harndrang; Harn blutig, schleimig, spärlich, rötlich oder trüb; Harngrieß; Blasensteine; Harnleitersteine mit Koliken)

Capsicum (Harn tröpfelt; gespannte Bauchdecke beim Wasserlassen)

Colchicum (Nierenentzündung mit starker Ödembildung; Harnsediment mit Entzündungen in den Gelenken)

Mercurius corrosivus (ständiger Harndrang; Krämpfe der Harnblase; eitriger Ausfluss mit Brennen und Entzündung der Harnröhre)

Natrium chloratum (trockene Haut durch falsche Salzfütterung; verliert unwillkürlich Harn; kann nicht urinieren, wenn andere dabei sind)

Nux vomica (Zystitis mit ständigem Harndrang und Absetzen kleiner Mengen Urin; Nierensteine; Koliken; Nierenentzündung bei ungeduldigen Tieren)

Sarsaparilla (Blasenentzündung mit Schmerzen am Ende des Harnabsatzes; häufiger Harndrang; rote Sedimente; trockene Haut)

Sepia (unwillkürlicher Urinabgang; lehmfarbener Urin; häufiges Wasserlassen eher älterer, schlaffer Kühe; Blasensteine)

Staphysagria (Reizblase; Blasenentzündung mit ständigem Harndrang; Blasenentzündung nach der ersten Belegung)

SYMPTOME

Beschreibung	Homöopathische Mittel
Bauch hochgezogen und gespannt beim Urinieren	Capsicum
Bauchwassersucht, Aszites, Anasarka	Apocynum Apis
Blasenentzündung, Zystitis	Cantharis Sarsaparilla Staphysagria Nux vomica
Blasensteine	Benzoicum acidum Berberis Cantharis Sarsaparilla Sepia
Euterödeme durch Nierenbelastung	Apis Apocynum Colchicum Natrium chloratum
Fell trocken und staubig	Natrium chloratum
Harnausscheidung spärlich oder tröpfelnd	Apis Capsicum Apocynum
Harnabgang unwillkürlich	Arsenicum album Natrium chloratum Sepia
Harndrang ständig	Cantharis Mercurius corrosivus Staphysagria Nux vomica
Harndrang häufig	Arsenicum album Sarsaparilla Sepia Nux vomica
Harngrieß, Harnsediment	Benzoicum acidum Berberis Cantharis Mercurius corrosivus Sarsaparilla Sepia

Beschreibung	Homöopathische Mittel
Harnleitersteine	Cantharis
Harn schleimig, blutig	Arsenicum album Cantharis Mercurius corrosivus
Harn übelriechend	Benzoicum acidum
Harnröhrenentzündung	Mercurius corrosivus Cantharis Sarsaparilla
Haut trocken, staubig	Berberis Natrium chloratum Sarsaparilla
Nierenentzündung	Apis Arsenicum album Nux vomica
Nierensteine	Berberis Benzoicum acidum Sarsaparilla Nux vomica
Reizblase	Staphysagria Sarsaparilla
Schwellung, Ödem des ganzen Körpers	Apis Colchicum, siehe auch unter „Ödeme“
Schmerzen und Schwellung der Gelenke	Berberis Benzoicum acidum Colchicum
Schmerzen und Steifheit im Rücken im Bereich der Nieren	Berberis
Urin unwillkürlich	Arsenicum album Natrium chloratum Sepia
Zystitis akut	Cantharis Sarsaparilla Arsenicum album Nux vomica

Hauterkrankungen

Geschwüre, Ekzeme, Abszesse, Entzündungen, Sonnenbrand, Warzen, Flechte, Strahlenpilz

Viele Hauterkrankungen können sich unbehandelt nicht nur entzünden, sondern sich auch auf andere Tiere im Bestand ausweiten. In manchen Fällen sind sie auf den Menschen übertragbar, zum Beispiel bei Kuhpocken oder Flechte. Abszess, Ekzem und Sonnenbrand dagegen sind nicht übertragbar, sondern es handelt sich hierbei um eine Einzeltiererkrankung. Zu Wunden und Abschürfungen siehe auch Kapitel „Wunden“.

Bei tiefen Abszessen und offenen Geschwüren kann die Spülung mit Calendula-Essenz oder mit Eichenrindentee hilfreich sein.

MITTEL VON A–Z

Actinomyces-bovis-Nosode (Strahlenpilz als Bestandsproblem)

Antimonium crudum (Warzen; Absonderungen honigartig; dicke aufgesprungene Haut)

Arsenicum album (trockene Haut; brennende Hautauschläge; Geschwüre an beliebiger Körperstelle; Juckreiz ohne Ausschlag; Juckreiz wird beim Kratzen schlimmer)

Asa foetida (tiefe Hautgeschwüre)

Baccelinum-Nosode (Kälberflechte; nässende und juckende Zwischenschenkel; nässende Ekzeme; Ekzeme an den Ohren; saurer Geruch der Haut)

Belladonna (Entzündungen der Haut mit Schwellung, Rötung, Schmerz und Hitze; Sonnenbrand)

Borax (Geschwüre an den Zitzen; Geschwüre und Aphthen im Maul; Herpes simplex)

Bovista (Bläschenausschlag, der Krusten bildet; Urtikaria; Herpes simplex)

Calcium carbonicum (Warzen; Abszesse vor allem an den Sprunggelenken bei Calciummangel)

Calcium sulfuricum (Abszesse und Furunkel, die sich öffnen und lange Eiter absondern; nach **Hepar sulfur** geben)

Calendula (beschleunigt die Wundheilung)

Cantharis (brennende Ausschläge und Ekzeme; Folgen von Verbrennungen, auch Sonnenbrand; Linderung der Schmerzen bei der Blauzungenerkrankung)

Cardiospermum (allergische Hauterkrankungen; Neurodermitis; starker Juckreiz)

Causticum (Warzen auf den Augenlidern oder im Gesicht)

Cistus canadensis (Strahlenpilz; Lymphknotengeschwüre mit Kälteempfindlichkeit)

Fluoricum acidum (Knochenwucherungen; alte Narben, die sich entzünden und zu Geschwüren werden)

Graphit (jede Verletzung eitert; Abszesse; Ekzeme; Schuppenbildung; Hautsekrete honigartig; Juckreiz; Tier leckt an der Wunde, bis es blutet)

Hekla Lava (bei Aktinomykose und Drüsenvergrößerungen und Verhärtungen im Gewebe; Überbeine)

Hepar sulfuris (Abszesse; Hauteiterungen mit gelblich-weißem Ausfluss; Zwischenschenkelekzem mit käsigem Geruch)

Kalium jodatum (Aktinomykose; Verhärtung im Maul oder Unterkiefer durch Strahlenpilze)

Kreosotum (starker Juckreiz mit dauerndem Kratzen; Wärme verschlechtert; übler Geruch)

Ledum (Spritzenabszess)

Malandrium (vorbeugendes Mittel gegen Pocken; Mauke; nässende Ekzeme nach Impfungen; Husten mit Hautausschlägen)

Myristica sebifera (wird „homöopathisches Messer" genannt; bringt Abszesse und Furunkel zum Aufbruch oder Einschmelzen)

Mercurius solubles (extremer Juckreiz; stinkende Hautgeschwüre; sich ausbreitende Geschwüre und Ekzeme)

Mezereum (Ekzeme mit extremen Juckreiz vor allem bei Wärme; Kuh leckt viel aufgrund von Juckreiz; Hautrisse; Gürtelrose; Herpes)

Nitricum acidum (Herpes; Warzen; Schleimhautulzerationen im Maul; rissige Haut an Schleimhautgrenzen)

Natrium chloratum (trockene Haut; Hautschuppen durch Nierenschwäche; Herpes simplex, Sonnenbrand)

Psorinum-Nosode (Hautausschläge in Gelenkfalten; Zwischenschenkelekzem; juckende Ekzeme; Tier leckt, bis es blutet; Warzen; Haut trocken oder fettig)

Rhus toxicodendron (Ausschläge; Herpes; Bläschenausschlag mit starkem Juckreiz; verdickte Haut; Gürtelrose; Urtikaria; Herpes simplex)

Secale cornutum (schwere Ulzerationen; offenes Bein; nekrotische Gewebeveränderungen)

Silicea (Folgemittel nach Abszesseröffnung mit **Hepar sulfuris** oder **Myristica**; Fremdkörper in der Haut werden ausgetrieben; Flechte; Warzen; Fisteln)

Sulfur (feuchte und stinkende Abszesse; starker Juckreiz; Ekzeme; Stoffwechselprobleme, die sich auf die Haut auswirken; Hautpilz; Flechte; Herpes simplex)

Tellurium metallicum (Kälberflechte; wenn **Psorinum** und **Sulfur** nicht helfen)

Thuja (Warzenmittel; hornartige Hautwucherungen; Haut fettig oder schuppig; Liegeschwielen)

Vaccininum-Nosode (Hautausschläge; Kuhpocken; Pocken oder Hautausschläge nach Impfung)

SYMPTOME

Beschreibung	Homöopathische Mittel
Abszess noch geschlossen	Hepar sulfuris Myristica sebifera
Abszess mit eitrigen Absonderungen	Silicea Calcium sulfuricum Graphit
Aktinomykose siehe „Strahlenpilz“	
Aphthen im Maul	Borax Calcium carbonicum

Beschreibung	Homöopathische Mittel
Abheilung von offenen Abszessen	Silicea Calcium sulfuricum Calendula
Ekzeme in Gelenkfalten	Hepar sulfuris Calendula Silicea Baccelinum Psorinum zusätzlich Auswaschen mit Eichenrindentee, Calendula-Essenz oder Heilerde
Ekzeme trocken	Natrium chloratum Psorinum Arsenicum album
Ekzeme feucht	Sulfur Baccelinum Graphit Malandrium Vaccininum
Ekzeme mit honigartiger Absonderung	Graphit Antimonium crudum
Fisteln	Silicea
Flechte	Baccelinum Tellurium metallicum Sulfur Psorinum
Furunkel	Hepar sulfuris Myristica sebifera Calcium sulfuricum Mercurius solubilis Psorinum Rhus toxicodendron Sulfur
Geschwüre tief	Secale cornutum Asa foetida Arsenicum album Auswaschen der Wunde mit Eichenrindentee oder Calendula-Essenz
Geschwüre fressende	Mercurius solubilis

Beschreibung	Homöopathische Mittel
Geschwüre im Maul	Nitricum acidum Borax Calcium carbonicum
Geschwüre stinkend	Kreosotum Mercurius solubilis Sulfur
Geschwüre an den Zitzen	Borax Calendula
Haarbalgentzündung siehe „Furunkel“	
Haut rissig	Antimonium crudum Graphit Sulfur Nitricum acidum Mezereum
Haut fettig	Thuja Psorinum
Haut trocken	Natrium chloratum Arsenicum album Psorinum Thuja
Haut verdickt	Rhus toxicodendron Thuja
Herpes simplex	Rhus toxicodendron Natrium chloratum Bovista Borax Sulfur
Juckreiz ohne Ausschlag	Arsenicum album
Juckreiz stark	Cardiospermum Kreosotum Sulfur Tellurium metallicum Psorinum Rhus toxicodendron Mercurius solubilis Graphit Baccelinum

Beschreibung	Homöopathische Mittel
Juckreiz verschlimmert durch Wärme	Mezereum Tellurium metallicum Mercurius solubilis Kreosotum
Knochenwucherungen im Kiefer oder an beliebiger Stelle	Hekla Lava Fluoricum acidum
Narbengeschwüre, Narbeneiterung	Fluoricum acidum Hepar sulfur Silicea Calendula
Nesselausschlag siehe „Urtikaria“	
Pocken	Malandrium Vaccininum Arsenicum album
Schleimhautulzera	Nitricum acidum Borax
Sonnenbrand	Belladonna Natrium chloratum Antimonium crudum Sulfur
Stinkende Absonderungen	Kreosotum
Spritzenabszess	Ledum
Strahlenpilz	Actinomyces-bovis-Nosode Kalium jodatum Hekla Lava Cistus canadensis
Urtikaria	Rhus toxicodendron Bovista
Warzen	Antimonium crudum Thuja Causticum Silicea Calcium carbonicum

Impfungen

Regelmäßige Impfungen gehören auf vielen Betrieben zum Standard. Impfungen werden im Rindviehbetrieb immer dann eingesetzt, wenn die Herde von neuen Erregern befallen wird oder sich eine Erkrankung zu einem wirtschaftlich größeren Schaden ausbreitet, zum Beispiel bei Kälbergrippe.

Eine Impfung bedeutet immer eine große Belastung für das Immunsystem und es sollte vorher immer eine sorgfältige Anamnese der allgemeinen Herdengesundheit durchgeführt werden.

Viele Impfstoffe enthalten Adjuvanzien, das sind Verstärker, die dazu beitragen sollen, dass die Erreger vom Körper überhaupt erkannt werden und das Immunsystem dann auf die Impfung reagieren kann. Dabei werden Trägerstoffe verwendet, die für das Tier eine große Belastung darstellen. Regelmäßige Impfungen sollten immer wieder auf ihren Sinn hinterfragt werden, vor allem wenn die Wirkung nicht mehr entsprechend zu erkennen ist. Homöopathische Mittel können hier nur eingesetzt werden, um die Toxizität und Nebenwirkungen der Impfzusatzstoffe zu mildern.

INDIKATIONEN VON A–Z

Alumina (Störungen im Zentralnervensystem nach Impfung)

Malandrium (wichtiges Mittel bei Impffolgen; Müdigkeit und Schwäche nach Impfung; Füße schlafen ein; Schmerzen in den Beinen; vermehrt Panaritium oder Klauenrandentzündungen nach Impfungen)

Phosphorus (Blutungsneigung nach Impfungen; Blutschwitzen nach Impfungen)

Silicea (Schwäche nach Impfung; nicht wieder gesund geworden nach Impfung)

Stramonium (neurologische Störungen nach Impfung; Meningitis nach Impfung)

Sulfur (schnellerer Abbau von Quecksilber- oder Aluminiumverbindungen im Impfstoff; schnelle Ausscheidung von Fremdstoffen)

Thuja C 1000, einmal direkt nach der Impfung (generell einmal vorher geben bei Impfungen; einsetzbar bei allen Folgen von Impfungen)

Vaccininum (Kuhpocken-Nosode) C 200 (Appetit fehlend nach Impfung; Hautausschläge; rheumatische Beschwerden nach Impfung; Ödem)

SYMPTOME

Beschreibung	Homöopathische Mittel
Appetitlosigkeit nach Impfung	Vaccininum Malandrium Silicea Thuja
Blutungsneigung nach Impfungen	Phosphorus
Lahmheit nach Impfung	Malandrium Vaccininum Thuja Sulfur Silicea
Meningitis nach Impfung	Stramonium
Neurologische Störung nach Impfung	Stramonium Alumina
Schwäche nach Impfung	Malandrium Vaccininum Silicea Thuja

Kalb, rund um die Geburt

Schwergeburt, Fruchtwasseraspiration, Sauerstoffmangel, Nabelbruch, Kehlkopfentzündung, Mittelohrentzündung, Meningitis

Während der Geburt können Komplikationen den Start ins Leben des Kalbes erschweren. Sauerstoffmangel unter der Geburt, Quetschungen bei Schwergeburten oder Fruchtwasser in der Lunge kann die Atmung behindern oder zu Schwäche bei der Milchaufnahme führen. Im Abschnitt „Atemwegserkrankungen" sind hier bereits einige wichtige Mittel genannt, die bei Fruchtwasseraspiration eingesetzt werden können.

MITTEL VON A–Z

Abrotanum (wässrige Absonderungen aus dem Nabel bei Nabelentzündung; Kalb säuft gut, aber gedeiht nicht; bei Unterdrückung der Absonderungen aus dem Nabel bekommt das Kalb Durchfall oder Rheuma)

Aconitum (Kalb wird plötzlich krank nach kaltem Wind; hohes Fieber; Schmerzen; Todesangst; schmerzlindernd beim Enthornen)

Ammonium carbonicum (Kehlkopfentzündung mit trockenem Husten und Grippe)

Antimonium tartaricum (wichtiges Mittel bei hörbarem Schleimrasseln in der Brust nach der Geburt; Kalb kann nicht saufen; ist kurzatmig)

Apis (Kehlkopfentzündung; Mundhöhle ist trocken und heiß; Kalb trinkt nichts Warmes)

Arnica (Geburtsschäden durch Schwergeburt; schmerzlindernd beim Enthornen)

Aviara (Kalb trinkt nicht und gedeiht nicht)

Belladonna (Meningitis; Mittelohrentzündung mit schwerer Störung des Allgemeinbefindens; akute Entzündungen)

Bryonia (Meningitis mit trockenen Schleimhäuten, großem Durst und Kaubewegungen)

Calcium carbonicum (schwere Kälber; Milchunverträglichkeit; Bänderschwäche; Nabelbruch; Vorwölbung des Nabels; Stelzfuß; Osteomalazie)

Calcium phosphoricum (leichte, große, schreckhafte Kälber; Bänderschwäche)

Camphora D 2 Tinktur (Schwergeburt oder Kreislaufversagen durch lange oder anstrengende Geburt)

Chamomilla (Saugschwäche nach der Geburt; verdreht die Augen; Zahndurchbruchsschmerzen; Mittelohrentzündung bei sehr schmerzempfindlichen Kälbern)

Hepar sulfuris (Nabelentzündung; Abszessöffnung des Nabels; eitrige Entzündung des Nabels)

Hyoscyamus (Zunge hängt aus dem Maul nach der Geburt nach Sauerstoffmangel; Saugschwäche)

Ignatia (lautes Schreien nach der Trennung von der Mutter)

Lachesis (Lymphknoten geschwollen; Kalb kann nicht schlucken; Kloß im Hals)

Laurocerasus (Kollaps aufgrund von Herzschwäche; Schläfrigkeit und Reaktionsmangel nach der Geburt)

Lycopodium (Nabelbruch; plötzliche Aufblähungen nach Milchaustauscher- oder Futterwechsel; Aszites)

Magnesium carbonicum (zu schwach, den Kopf hochzuhalten; entwicklungsverzögert; Milchunverträglichkeit; heller kittartiger Kot)

Myristica sebifera (Nabelabszess, hart, heiß, schmerzhaft; eitergefüllter Abszess)

Nux moschata (Nabelbruch)

Nux vomica (Durchfall bei der Umstellung auf Milchaustauscher; Umstellung Biestmilch auf Tauscher- oder Vollmilch; Nabelbruch)

Opium (schläfriger Zustand nach der Geburt; oft durch Sauerstoffmangel unter der Geburt; Kalb säuft nicht; verdreht die Augen oder den Kopf)

Pasteurellen-Nosode (Kehlkopfentzündung kurz nach der Geburt; Kalb kann trotz Hunger nicht trinken)

Phosphorus (Blutschwitzen der Kälber)

Pulsatilla (Kalb weint sehr nach der Kuh; lautes Rufen nach der Mutter; eitrige Nabelentzündungen; Mittelohrentzündung; eines der wichtigsten Kälbermittel!)

Plumbum (fehlende Darmtätigkeit; Darmpech geht nicht ab)

Ruta (Bänderverkürzung der Vorderbeine)

Silicea (Nachbehandlung von *offenen* Nabelabszessen; Mittelohrentzündung; zarte Kälber)

Stramonium (Meningitis; Meningitis nach unterdrückter Otitis oder nach Mittelohrentzündung)

Sulfur (kranke Kälber nach Antibiotikabehandlung; wenn gute Mittel nicht wirken; Mittelohrentzündung)

SYMPTOME

Beschreibung	Homöopathische Mittel
Appetitlosigkeit	Aviara Calcium carbonicum Pulsatilla
Absonderungen aus dem Nabel blutig	Arnica Calcium carbonicum Calcium phosphoricum
Absonderungen aus dem Nabel eitrig	Hepar sulfur Myristica sebifera Silicea Pulsatilla siehe auch unter „Abszess“
Absonderungen aus dem Nabel wässrig	Abrotanum
Blutschwitzen Kälber	Phosphorus
Darmpech geht nicht ab	Plumbum
Enthornung	Aconitum Arnica
Kehlkopfentzündung	Belladonna Lachesis Pasteurellen-Nosode
Kehlkopfödem	Apis Belladonna Pasteurellen-Nosode

Beschreibung	Homöopathische Mittel
Meningitis	Aconitum Belladonna Bryonia Apis Stramonium
Milchunverträglichkeit	Calcium carbonicum Magnesium carbonicum Natrium carbonicum
Nabelabszess	Hepar sulfuris Myristica sebifera
Nabelbruch	Nux moschata Nux vomica Lycopodium Calcium carbonicum bei Vorwölbung des Nabels
Nabelentzündung mit Fieber	Hepar sulfuris Aconitum Belladonna
Ohrentzündung, Otitis media	Pulsatilla Belladonna Silicea Sulfur Chamomilla
Saugschwäche nach der Geburt	Arnica Calcium carbonicum Chamomilla Opium Hyoscyamus
Stelzfuß	Calcium carbonicum 1–2 Eierschalen fein mahlen und unter die Milch geben
Röcheln nach der Geburt	Ammonium tartaricum Ammonium carbonicum
Zunge hängt aus dem Maul	Hyoscyamus Stramonium Opium

Krämpfigkeit

Krämpfigkeit ist eine weniger häufig anzutreffende Problematik meist einzelner älterer Tiere in der Herde. Die Kühe stehen in der Liegebox und strecken ihre Hintergliedmaßen weit nach hinten durch oder zeigen Krämpfe in den Klauen, Sehnen oder Muskeln. Ursachen können neurologische Erkrankungen, Mineralstoffmangel (vor allem Magnesiummangel), Muskelerkrankungen, Sehnenerkrankungen, Klauen- oder Stoffwechselprobleme sein. Die Grunderkrankung sollte, sofern erkennbar, behoben werden.

INDIKATIONEN VON A–Z

Agaricus (Zuckungen der Muskeln; Muskelkrämpfe; Ungeschicklichkeit beim Laufen)

Calcium carbonicum (Krämpfe in den Fußsohlen und Gelenken; Krämpfe während der Trächtigkeit; Ration auf Minieralien, vor allem Calcium, überprüfen)

Causticum (allmählich fortschreitende Lähmung; Zucken; Rucken schlimmer nach Schreck; Krämpfe in Waden und Klauen)

Colocynthis (Krämpfe in den Beinen, vor allem durch Leberstoffwechselprobleme)

Cuprum metallicum (Krämpfe der Muskulatur in den Beinen oder Krämpfe beginnen in den Füßen und steigen in die Beine auf)

Lycopodium (Krämpfe der Füße; beim Gehen schlechter; Leberstoffwechselzeichen)

Magnesium muriaticum (Taubheit in den Füßen)

Magnesium phosphoricum (Krämpfe in den Füßen; falls nicht besser, **Colocynthis** nehmen)

Plumbum (Spasmus; Muskelzucken und Zittern der Beine aus neurologischen Gründen; Abmagerung der betroffenen Körperteile)

Rhus toxicodendron (ruhelose Beine; muss Beine auch im Liegen bewegen; schlimmer bei nasskaltem Wetter oder Überanstrengung)

Zincum metallicum (ruhelose Beine; bewegt ständig die Beine oder Füße; neurologische Erkrankungen; ruhelose Beine auch beim Liegen; Zuckungen jeder Muskelgruppe)

SYMPTOME

Beschreibung	Homöopathische Mittel
Krämpfe in den Füßen	Calcium carbonicum Causticum Magnesium phosphoricum Zincum Cuprum Lycopodium
Krämpfe in den Hinterbeinen	Agaricus Causticum Calcium carbonicum Rhus toxicodendron
Muskelzucken in den Beinen	Agaricus Colocynthis Cuprum Plumbum Rhus toxicodendron Zincum
Neurologische Erkrankungen mit Lähmungen	Agaricus Plumbum Causticum Zincum
Taubheit in den Füßen	Magnesium muriaticum
Zucken der Füße, Hahnentritt	Calcium carbonicum Magnesium phosphoricum Cuprum Lycopodium

Kuh, rund um die Geburt

Am Ende der Trockenstehzeit erwartet die Kuh die Geburt ihres Kalbes. Die Geburt verläuft im besten Fall ohne Komplikationen. Wehenschwäche, Schwergeburten oder Kaiserschnitte (siehe unter „Operationen“) kommen aber immer wieder vor.

Schon vor dem Kalben sollte der Mineralstoffwechsel der Tiere in Schwung gebracht werden, um einem Festliegen nach dem Kalben vorzubeugen.

KOMPLEXMITTEL VOR DEM ABKALBEN

Um ein Festliegen durch Mineralstoffwechselstörungen vorzubeugen, hat sich folgende Mischung 3–5 Tage vor dem Abkalben als Komplexmittel bewährt:

Calcium carbonicum C 30 (verbessert den Calicumstoffwechsel um die Geburt)

Calcium phosphoricum C 30 (verbessert den Calcium-und Phosphorstoffwechsel) und

Magnesium phosphoricum C 30 (Während der Geburt verbraucht die Kalbin viel Magnesium. Um einen Mangel, Muskelzittern oder Muskelschwäche zu vermeiden, hat es sich als Prophylaxe bewährt)

30–40 Globuli pro Mittel in eine Sprühflasche geben, mit ½ l Wasser und ¼ l Alkohol auffüllen und dem Tier ein- bis zweimal täglich bis zum Kalben auf die Nase aufsprühen.

MITTEL VON A–Z

Arnica (schwere Geburt; Blutungen oder Prellungen während oder durch die Geburt; Tonikum für die Kuh nach der Geburt)

Caulophyllum (bei Übertragung der Frucht zusammen mit **Pulsatilla** dreimal täglich geben, um die Geburt einzuleiten; Wehenschwäche; Gabe alle 5–10 Minuten wiederholen; Milch schießt nicht ein nach dem Kalben)

Chamomilla (rigider Muttermund; unruhige Kühe; krampfhafte Wehen)

Cimicifuga (Krämpfe und Schmerzen unter der Geburt bis in die Beine; Geburt stockend)

Nux vomica (Wehen heftig und krampfartig; Kot- und Urinabgang während der Wehen)

Pulsatilla (verzögerte, schwache oder unregelmäßige Wehen bei liebesbedürftigen Tieren; bewirkt eine bessere Durchblutung der Beckenorgane; bei Fruchtübertragung zur Geburtseinleitung mit **Caulophyllum** geben; Aufhalten der Milch nach problematischer Geburt; kann eine falsche Lage des Kalbes im Uterus verhüten)

Secale cornutum (schwere Krämpfe des Uterus; Uterusatonie; Wehen sind schwach oder hören einfach auf; dunkle, klumpige Blutungen; Nachwehen sehr stark)

Sepia (gleichgültig gegenüber dem Kalb; Blutungen unter der Geburt)

SYMPTOME

Beschreibung	Homöopathische Mittel
Blutung unter der Geburt	Arnica und siehe im Kapitel „Blutungen“
Gleichgültig gegenüber dem Kalb nach der Geburt	Sepia
Kot- und Urinabsatz während der Wehen	Nux vomica
Krämpfe	Nux vomica Cimicifuga Secale cornutum
Muttermund rigide	Chamomilla
Schwergeburt	Arnica und siehe unter Kapitel „Schwäche“
Übertragung der Frucht	Caulophyllum Pulsatilla
Uterusatonie	Secale cornutum
Wehen zu schwach	Caulophyllum
Wehen zu stark	Cimicifuga Nux vomica

Lahmheit

Klauenrehe, Brüche, Distorsion, Luxation, Panaritium, Mortellaro

Lahmheiten verschiedener Genese sind eine der Hauptursachen für den Abgang von Kühen auf dem Betrieb. Es gibt viele Ursachen, die Lahmheiten auslösen können. Es ist wichtig, nicht nur unter die Klauen zu schauen, sondern auf alle von außen sichtbaren Faktoren (welche Klaue ist betroffen, Muskeln, Sehnen, Gelenke) und hörbaren Hinweise (Krepitationen nach Brüchen, Knacken, Sehnenüberzüge) ebenso zu achten. Auch darauf, wie sich das entsprechende Gebiet anfühlt (warm, kalt, hart, schmerzhaft, schmerzlos). Da Klauenrehe eine Stoffwechselerkrankung ist, sollte auch unter diesem Abschnitt noch einmal nachgesehen werden, welches Mittel passen könnte. Die äußere Behandlung von Ekzemen, Abszessen und Schwellungen mit Heilerde, Calendula-Essenz oder kaltem Quark können das Abschwellen von Entzündung fördern.

MITTEL VON A–Z

Arnica C 200 (erstes Mittel bei Lahmheit durch Verstauchung, Verrenkung, Blutergüsse und Muskelkater)

Belladonna (schwere, schmerzhafte Entzündung: Klauen, Gelenke, Muskeln)

Borax (Mortellaro mit juckendem, eitrigem Ausschlag)

Bovista (Gelenkschwäche; Gelenkschwellung)

Bryonia (rechtsseitige Lahmheit; stechende Schmerzen; Sehnenscheidenentzündung; geschwollene Gelenke bei warmem Wetter)

Calcium carbonicum (Instabilität der Knochen und Gelenke; Osteomalazie; Knochenweiche)

Calcium fluoratum (verhärtete und verkürzte Bänder; Knochenwucherungen; Regeneration nach Klauenrehe; Umknicken; Gelenkschwäche)

Calcium phosphoricum (verhärtete Fersenbeinschwellungen; Gelenkschmerzen; Wachstumsschmerzen; schnell wachsende Kälber)

Causticum (allmähliche Lähmung; schleift einen Fuß nach; Nervenstörung in den Füßen mit Taubheit)

Colchicum (Gicht; starke Entzündung der Gelenke; schlimmer durch geringste Bewegung)

Conium (kommt hinten nicht hoch; aufsteigende Schwäche der Hintergliedmaßen; Lähmung der Hintergliedmaßen; Schwierigkeiten beim Hochkommen)

Hypericum (Nervenquetschungen; Schmerzen in nervenreichem Gewebe; Klauenrehe; Rückenbeschwerden)

Kalium carbonicum (Rückenschmerzen schlimmer im Sommer; Wirbelsäulenverkrümmung)

Lachesis (schweres Panaritium; Nekrose; Gewebe stirbt ab oder ist lila; schwere Phlegmone; drohende Sepsis durch aufsteigende Entzündungen)

Lycopodium (Hüftgelenksarthritis; ein Fuß kalt, der andere warm; Steifheit; Typmittel)

Mercurius solubilis Hahnemanni (Phlegmone; Mortellaro mit blutig-eitrigem Ausschlag; fressende Geschwüre an den Klauen)

Mezereum (Gelenksentzündungen; starker Juckreiz und Brennen bei Sommer-Mortellaro)

Myristica sebifera (Panaritium; öffnet eitrige Abszesse und Phlegmone; schweres Panaritium mit mehreren kleinen Abszesskratern)

Natrium chloratum (Schwäche der Hintergliedmaßen; Lähmung und Festliegen durch Trauer; leckt viel; Gelenkschwäche; leichtes Umknicken)

Natrium sulfuricum (Beschwerden durch Feuchtigkeit und Nässe; Ballenfäule; Mortellaro mit Juckreiz bei Nässe und Kälte; Rückenschmerzen mit Schwierigkeiten beim Aufstehen)

Nux vomica (Klauenrehe; Bandscheibenvorfall; Kühe laufen mit aufgezogenem Rücken; trippelnder Gang; schleift die Füße nach; Muskelkrämpfe in den Beinen; Rückenmarkquetschung)

Phosphorus (Knochenauftreibungen; Osteomalazie; kuhhessige Stellung; mangelnde Stabilität der Knochen und Gelenke)

Pulsatilla (wechselnde Lahmheit; läuft sich ein; liebe Tiere)

Pyrogenium (schwere Lahmheiten mit drohender Sepsis; Phlegmone; Panaritium; Mortellaro)

Rhus toxicodendron (wichtigstes Mittel mit **Arnica** bei Verstauchungen und Verrenkungen; Steifheit der Gelenke; läuft sich ein; Folge von Durchnässung und Überanstrengung; Lumbago; Rücken aufgekrümmt)

Ruta (wichtigstes Mittel bei Bänderdehnung nach Ausgrätschen; läuft sich ein; kommen schlecht hoch beim Aufstehen; Trachten zu tief; Ballenfäule durch tiefe Trachten)

Silicea (Mortellaro durch weiche Klauen; Panaritium; Knochenauftreibungen; Bänderschwäche)

Sulfur (Mortellaro; Panaritium mit üblem Geruch; Rückenschmerzen bei wasserscheuen, schmutzigen, faulen Tieren)

Symphytum (Knochenbruch; beschleunigt das Zusammenwachsen der Bruchstelle; lange anhaltende Knochenhautschmerzen)

Thuja (Panaritium; brüchige Klauen; Mortellaro und Zwischenzehenspaltgeschwüre)

SYMPTOME

Beschreibung	Homöopathische Mittel
Abszesse	Myristica sebifera Hepar sulfuris
Ausgrätschen, Bänderdehnung	Ruta Rhus toxicodendron Arnica
Bänderschwäche	Ruta Calcium fluoratum
Ballenfäule	Natrium sulfuricum
Bandscheibenvorfall	Nux vomica Kalium carbonicum
Bluterguss	Arnica Bellis perennis
Brüche	Symphytum Calcium carbonicum Calcium phosphoricum
Eitrige Entzündungen	Hepar sulfuris
Gelenksentzündungen	Belladonna Bryonia Colchicum

Beschreibung	Homöopathische Mittel
Gelenkschwäche	Bovista Natrium chloratum Calcium carbonicum Phosphorus
Gelenkschwellung	Bryonia Bovista Rhus toxicodendron
Klauenrehe	Nux vomica Belladonna Hypericum Calcium fluoratum siehe auch unter „Stoffwechsel“
Knochenweiche siehe unter „Osteomalazie“	
Lähmung der Hintergliedmaßen	Causticum Conium Natrium chloratum
Mortellaro	Borax Mercurius Thuja Pyrogenium Sulfur Silicea Mezereum Natrium sulfuricum
Nekrose	Lachesis Myristica sebifera
Nervenquetschung	Hypericum Arnica
Osteomalazie	Calcium carbonicum Calcium phosphoricum Phosphorus
Panaritium	Lachesis Pyrogenium Myristica sebifera Silicea Sulfur

Beschreibung	Homöopathische Mittel
Phlegmone	Lachesis Rhus toxicodendron Calcium carbonicum Pyrogenium Mercurius solubilis
Verrenkung	Arnica Bellis perennis Bryonia Rhus toxicodendron Ruta
Rückenschmerzen	Kalium carbonicum Rhus toxicodendron Arnica Natrium sulfuricum Hypericum
Rücken aufziehen	Nux vomica
Schmerzen zu Beginn der Bewegung, laufen sich ein	Rhus toxicodendron Pulsatilla Ruta
Taubheit in den Beinen oder Klauen	Causticum
Verstauchung	Arnica Bellis perennis Bryonia Rhus toxicodendron
Zuckungen siehe unter „Krämpfigkeit“	

Mastitis und Erkrankungen des Euters

Das Erregerspektrum bei Mastitis ist groß und oft ist der Einsatz von Antibiotika kontraproduktiv, wie zum Beispiel bei Staphylococcus aureus oder Hefen. Aus diesem Grund sind Viertelgemelksproben zur Erregerbestimmung das wichtigste Instrument. Alle Faktoren haben Einfluss auf die Eutergesundheit, so zum Beispiel Stoffwechselerkrankungen, Fütterungsfehler, Hygiene, Melktechnik und auch der Umgang mit dem Tier. Die Homöopathie kann keine Managementfehler ausgleichen!

Wenn ein Mittel nicht binnen 3–6 Stunden nach einmaliger oder mehrmaliger Verabreichung Linderung bringt, sollte der Tierarzt hinzugezogen werden. Grundsätzlich kann die Homöopathie immer begleitend eingesetzt werden.

Zu unterscheiden ist die akute Mastitis von der chronischen Mastitis mit längerfristig erhöhten Zellzahlen. Bei Letzterer kann nach Erregerbestimmung der Einsatz von Nosoden sinnvoll sein, wie zum Beispiel E-Coli-Nosode, Staphylokokken-Nosode, Streptokokken-Nosode, Candida-Nosode oder Mastitis-Nosode. Sprechen Sie darüber mit Ihrem Tierarzt.

INDIKATIONEN VON A–Z

Aconitum (wichtigstes Anfangsmittel; Mastitis nach kaltem Wind oder Zugluft; Milchfieber beim Einschießen der Milch)

Apis (Euter ödematös, heiß, rot, sehr schmerzhaft; kalte Anwendungen bessern)

Asa foetida (Milch kann wie Knödelwasser aussehen; Euter wenig geschwollen und nicht rot; die Eutervenen treten stark hervor; Milchrückgang nach der Mastitis)

Belladonna (wichtigstes Mittel bei Mastitis; hohes Fieber; Euter heiß, rot, schmerzhaft, berührungsempfindlich)

Bryonia (Euter heiß; Kuh liegt auf dem erkrankten Viertel, weil Druck als angenehm empfunden wird; Mastitis frischmelkender Tiere oder in der Trockensteherphase; wenig Milchsekrete, welche serös, klebrig, flockig sind)

Calcium carbonicum (lässt die Milch laufen)

Carbo animalis (Zysten, Abszesse und Tumore im Eutergewebe, vor allem links; Wucherungen mit brennenden Absonderungen bei Eutermortellaro)

Conium (harte Schwellungen nach einem Schlag auf das Euter, der zu Abszessen führt)

Graphit (bösartige Geschwüre des Euters; Euterkrebs bei schweren, trägen Kühen)

Hepar sulfuris (Flocken in der Milch; hohe Zellzahlen; Abszesse im Euter; rezidivierende Mastitis; Milch gelblich schleimig; chronische Mastitis oder chronisch hohe Zellzahlen; Eutermortellaro mit käsigen, gelben Sekreten)

Kalium bichromicum (Milch wird fadenziehend; gelb-klebrig in langen Bahnen aus dem Euter gemolken)

Lachesis (Milch geht plötzlich zurück, bevor die Kuh sichtbar erkrankt; drohende Sepsis bei schwerer Mastitis; Euter lila verfärbt; Eutergewebe droht abzusterben; kann gut mit **Pyrogenium** kombiniert werden)

Mercurius (Milch ist immer blutig und kann dick, wässrig, stinkend oder eitrig sein; Tiere sind schwer krank; Staphylokokken-Mastitis führt zu Knoteneuter; Mastitis mit Ödemen in den Beinen; Kuh schlägt nach dem erkrankten Euterviertel; Eutermortellaro mit blutigen Sekreten)

Nosoden (chronisch hohe Zellzahlen oder schwankende Milchzellgehalte mit entsprechender Nosode nach Erregerbestimmung)

Phellandrium (Mastitis im Anfangsstadium mit Verhärtung des Euters; kann gut kombiniert werden mit anderen passenden Mastitis-Mitteln, um die Ausschwemmung der Milch beim Melken zu unterstützen)

Phosphorus (Mastitis mit Zystenbildung im Euter)

Phytolacca (ebenfalls wichtiges Ausschwemmungsmittel; Euter ist hart, empfindlich; die Milch lässt sich kaum ermelken; sollte kurz vor dem Melken gegeben werden)

Pulsatilla (liebe Kühe mit wechselnden Beschwerden und seitenwechselnder Euterentzündung und gelben rahmigen Milchsekreten bei Mastitis; durstlos; halten die Milch zurück nach der Geburt bei drohender Mastitis)

Pyrogenium (widerlich stinkende Milchsekrete; Sepsisgefahr; Coli-Mastitis; Clostridien)

Silicea (folgt gut auf **Hepar sulfuris**, um eine abschließende Ausheilung des Eutergewebes zu erreichen; kleine knotige Abszesse und Zysten im Eutergewebe; Zellgehalt zu hoch durch Fütterung von strukturarmem Futter)

Sulfur (wiederkehrende Mastitis; zur Entgiftung nach Antibiotikaeinsatz; Eutermortellaro, kann alte, nicht ausgeheilte Erkrankungen wieder aufleben lassen, wenn die Behandlung stagniert)

MITTELFINDUNG ÜBER SYMPTOME

EUTER

Beschreibung	Homöopathische Mittel
Berührungsempfindlich	Aconitum Belladonna Bryonia Apis Mercurius
Geschwollen	Belladonna Bryonia Apis Asa foetida Phytolacca Phellandrium
Hart	Conium Bryonia Phellandrium Phytolacca
Heiß	Belladonna Apis Bryonia Aconitum
Lila verfärbt	Lachesis
Ödematös	Apis Asa foetida
Rot	Belladonna Apis Bryonia
Schmerzhaft	Aconitum Belladonna Bryonia Apis Asa foetida Mercurius Phellandrium Phytolacca Pulsatilla
Verhärtungen nach Schlag	Conium

Beschreibung	Homöopathische Mittel
Zysten	Hepar sulfuris Silicea Phosphorus Mercurius Phytolacca Carbo animalis

MILCH

Beschreibung	Homöopathische Mittel
Blutig	Mercurius Kalium bichromicum
Dick	Phellandrium Phytolacca Kalium bichromicum
Eitrig	Hepar sulfuris Pulsatilla
Fadenziehend	Kalium bichromicum
Gasförmig	Clostridien! Pyrogenium Lachesis
Gelblich	Hepar sulfuris Pulsatilla
Flockig	Hepar sulfuris Asa foetida Phellandrium
Lässt die Milch laufen	Calcium carbonicum
Käsig	Pulsatilla
Klebrig	Hepar sulfuris Pulsatilla Silicea
Knödelwasser	Asa foetida
Schleimig	Hepar sulfuris Mercurius
Stinkend	Pyrogenium
Wässrig	Asa foetida Mercurius

SONSTIGE AUFFÄLLIGKEITEN

Beschreibung	Homöopathische Mittel
Euter derb nach der Geburt	Sepia Conium
Euterkrebs	Graphit Conium Carbo animalis
Eutermortellaro	Hepar sulfuris Carbo animalis Silicea Sulfur Graphit Mercurius
Fieber	Aconitum Belladonna Bryonia Lachesis
Nach kaltem Wind	Aconitum
Hohe Zellzahl chronisch	Hepar sulfuris Silicea Viertelgemelksproben nehmen und mit den entsprechenden Nosoden arbeiten
Hohe Zellzahl nach Grippeerkrankung, Husten, Erkältungskrankheiten	Tuberculinum
Hohe Zellzahl durch strukturarmes Futter	Silicea sofortige Futterumstellung auf mehr Raufutter
Sepsis	Lachesis Pyrogenium Sulfur und siehe unter „Stoffwechsel“ und Lebermittel

Metritis

Jede bestehende oder nicht ausgeheilte Metritis verhindert eine weitere Trächtigkeit. Nur in einen gesunden Uterus kann sich ein befruchtetes Ei einnisten. Nicht selten führt Nachgeburtsverhalten oder eine Geburt mit unzureichender Hygiene zu einer anschließenden Metritis.

Jede Art von nicht vollkommen klarem Ausfluss im Anschluss an die Rückbildungsphase der Gebärmutter nach der Geburt muss unbedingt ausreichend lange und mit den passenden homöopathischen Mitteln behandelt werden. Die tägliche Kontrolle aller nichtträchtigen Tiere im liegenden Zustand sollte deshalb niemals vernachlässigt werden.

Ausschlaggebend ist bei einer Metritis vor allem die Farbe und Konsistenz des Ausflusses bei der betroffenen Kuh, da das Allgemeinbefinden in der Regel gut ist. Die Homöopathika sollten über mindestens drei Tage angewendet werden.

INDIKATIONEN VON A–Z

Cantharis (Ausfluss wundmachend; brennend mit Harnwegsproblemen)

Hepar sulfuris (weißlich rahmiger Ausfluss oder weiße Schlieren im klaren Ausfluss)

Hydrastis (eitriger Ausfluss; chronische Gebärmutterentzündung)

Kreosotum (dunkler, stinkender Ausfluss)

Mercurius (eitrig-schleimiger oder weiß-gelber Ausfluss immer mit Blutbeimischung)

Pulsatilla (eitriger, rahmiger, gelber Ausfluss)

Secale cornutum (blutiger übelriechender Ausfluss)

Sepia (rotbrauner Ausfluss und chronische Metritis bei alten Kühen mit schlaffen Bändern)

SYMPTOME

Beschreibung	Homöopathische Mittel
Ausfluss mit blutigen Beimengungen	Mercurius
Ausfluss eitrig, gelb	Hydrastis Pulsatilla
Ausfluss eitrig, schleimig mit Blut	Mercurius
Ausfluss gelblich, rahmig	Pulsatilla
Ausfluss weißlich	Hepar sulfuris
Ausfluss weißlich rahmig	Hepar sulfuris
Ausfluss brennend mit Harnwegsproblemen	Cantharis
Ausfluss dunkel, übelriechend, stinkend	Kreosotum Secale cornutum
Ausfluss rötlich, braun, wie geronnen	Sepia
Metritis chronisch	Hydrastis Sepia Ovarium compositum ad us. vet.

Milchmangel

Milchmangel, auch Agalaktie genannt, kann viele Ursachen haben: Eine vorangegangene Mastitis, eine zu frühe Geburt, ein Abortus, eine chronische oder schwerwiegende Erkrankung, eine Ketose, Azidose, aber auch ein nicht ausreichend ausgebildeter Euterkörper und sogar ein Wetterumschwung können Gründe für einen Milchmangel oder den vorübergehenden Rückgang der Milch sein.

INDIKATIONEN VON A–Z

Agnus castus (nach der Geburt schießt die Milch nicht ein; Milchfluss versiegt; oft bei sehr ängstlichen Tieren)

Alfalfa (Milchmangel durch Schwäche, durch schwere Geburt, nach schweren Erkrankungen)

Calcium carbonicum (Milchmangel nach der Geburt durch Caciummangel bei eher schweren Tieren)

Chamomilla (Milch geht nach einem Abortus stark zurück)

Dulcamara (Milch versiegt oder Milchleistung geht zurück bei nasskaltem Wetter)

Ignatia (Kuh gibt keine Milch aus Trauer ums Kalb)

Lac caninum(Versiegen der Milch ohne weiteren Grund oder nach Mastitis)

Lachesis (Milch versiegt plötzlich, das Tier ist noch gesund, am nächsten Tag ist das Tier erst sichtbar krank; Intoxikation schlägt erst auf die Milch, bevor das Tier sichtbar krank wird)

Millefolium (Milch versiegt vor allem nach Blutungen)

Phytolacca (Milchfluss abnehmend nach einer Mastitis; Knoten im Euter)

Pulsatilla (Mangelmangel mit Trauer ums Kalb bei eher anschmiegsamen Tieren)

Sabal serrulatum (unterentwickeltes Euter; Eutergewebe geht zurück)

Secale cornutum (Milch schießt nach der Geburt nicht ein bei dunklem Nachgeburtsausfluss)

Sulfur (Reaktionsmittel nach Antibiotikagabe zur Entgiftung; Milchrückgang nach Fieber)

Urtica urens (Milchfluss versiegt; Kuh kommt nach Erkrankung nicht wieder auf die Milch)

SYMPTOME

Beschreibung	Homöopathische Mittel
Milch versiegt	Alfalfa Lac caninum Millefolium Phytolacca Sulfur Urtica urens
Milchmangel nach Abortus	Chamomilla Phytolacca Urtica urens
Milchmangel nach Fieber	Sulfur
Milchmangel nach Geburt	Agnus castus Alfalfa Secale cornutum Urtica urens Pulsatilla
Milchmangel vor Erkrankung	Lachesis
Milchmangel nach Mastitis	Phytolacca Lac caninum Sabal serrulatum Urtica urens
Milch schießt nicht ein mit dunklem Nachgeburtsausfluss	Secale cornutum
Milchmangel aus Trauer um das Kalb	Ignatia
Milchrückgang bei oder nach nasskaltem Wetter	Dulcamara
Milchsekretion nachlassend	Calcium carbonicum Phytolacca Urtica urens
Unterentwickeltes Euter nach der Geburt bei Erstlingskühen	Sabal serrulatum

Nachgeburtsverhalten

Gründe, die zu Nachgeburtsverhalten führen können: Wehenschwäche während der Geburt oder zu schwache Nachwehen, die das Austreiben der Nachgeburt verhindern, Hypokalzämie, Phosphormangel, Schwergeburt, Schwäche oder Trauer um das Kalb. Auch der Leberstoffwechsel kann überlastet sein oder werden, siehe deshalb auch unter „Stoffwechsel" und bei „Festliegen nach der Geburt".

WICHTIGE MITTEL VON A–Z

Arnica (Wehenschwäche nach schwerer Geburt; Tonikum nach schwerer Geburt)

Bellis perennis (Wundschmerz nach der Geburt; körperliche Schwäche)

Cantharis (Wehenschwäche nach der Geburt, eventuell mit Harnverhalten)

Caulophyllum (Wehenschwäche durch Hormonmangel während und nach der Geburt)

Lycopodium (Stoffwechselprobleme; Leberschwäche; frisst schlecht)

Nux vomica (Nachgeburt geht nicht ab durch Stoffwechselumstellung)

Pulsatilla (erleichtert das Entleeren des Uterus und das Abstoßen der Nachgeburt)

Sepia (alte Kühe mit schwachen Bändern und tief im Bauch liegendem Uterus; schwache Nachwehen)

Sabina (Nachgeburt löst sich nicht; Wehenschwäche; prophylaktische Gabe direkt nach der Geburt fördert das Zusammenziehen des Uterus)

Secale (Blutungen nach der Geburt; fördert das Zusammenziehen des Uterus; Schwäche)

SYMPTOME

Beschreibung	Homöopathische Mittel
Alte Kühe mit schwachen Bändern, kein Interesse am Kalb	Sepia
Nachgeburt geht nicht ab	Sabina Secale cornutum
Nachgeburt geht nicht ab, weil Nachwehen zu schwach sind	Pulsatilla Caulophyllum Sabina Sepia Cantharis
Nachgeburtsverhalten mit Festliegen	Calcium phosphoricum Calcium carbonicum Magnesium phosphoricum Phosphorus siehe Kapitel „Festliegen“
Schwäche nach der Geburt	Arnica Bellis perennis Secale cornutum
Stoffwechselprobleme nach der Geburt mit Nachgeburtsverhalten	Lycopodium Nux vomica

Notfallmittel, Kreislaufkollaps, Schock

Atemnot oder Atemstillstand bei der Geburt, Kreislaufkollaps durch schwere Durchfälle, Kreislaufkollaps beim Infundieren von Calcium, unstillbare Blutungen, Strangulationen, schwere Sepsis... Das alles sind Notfälle und es muss sehr schnell gehandelt werden, um die letzte Chance zu nutzen, ein Tier zu retten. Dies kann immer nur ein Versuch sein, ist aber umso bedeutender für das Tier.

INDIKATIONEN VON A–Z

Aconitum (schwerer Schock, zum Beispiel beim Klauenschneiden, Aufstallen; Verletzungen mit drohendem Kreislaufkollaps)

Ammonium carbonicum (Atemnot und Herzschwäche bei Neugeborenen oder Kollaps durch schwere Infektionskrankheiten)

Ammonium tartaricum (Atemnot bei neugeborenen Kälbern; erstickt durch Flüssigkeit in der Lunge)

Apis (schwere Ödeme Aufgrund von Volumenmangel im Blut; Insektenstich mit Ödem)

Arnica (schwere Blutungen aller Art; schwere Prellungen; schwere Verletzungen durch Einwirkung stumpfer Gegenstände)

Arsenicum album (schwere Infekte mit starker Entkräftung und drohendem Kollaps)

Hamamelis (dunkle, venöse Blutungen aus Uterus, Nase oder sonstigen Organen)

Camphora (Kreislaufkollaps der Kälber nach der Geburt oder durch schweren Durchfall)

Carbo vegetabilis (schwerer Durchfall; Tier liegt in den Exkrementen; kalte Gliedmaßen)

Colchicum (Ödeme durch Herzschwäche und Nierenleiden mit Kollaps)

Lachesis (drohende Sepsis bei schwerer Mastitis; Strangulation; Sepsis nach Insektenstich)

Laurocerasus (Untertemperatur; Atemnot und Zyanose; besser nach einigen Schritten)

Ledum (drohende Sepsis durch Stichverletzungen, Nageltritt, Insektenstiche oder Zeckenstich)

Naja tripudians (Kreislaufkollaps aufgrund zu schnellen Infundierens von Calcium; Schlundkrampf; Bissverletzungen; Stichverletzungen)

Nux vomica (Vergiftung durch Fütterungsfehler oder Antibiotikagaben; Leichengift)

Okoubaka (Vergiftung durch falsche Fütterung oder Futterumstellung mit Durchfall)

Opium (Tier wie benommen; Verstopfung nach schwerem Schock oder Schreck)

Pyrogenium (Sepsis mit schwerem Verlauf und widerlich stinkenden Sekreten; Puls hoch; Herzschlag verlangsamt)

Veratrum album (Durchfall; liegt in den Exkrementen; kalter Atem; kalte Beine)

SYMPTOME

Beschreibung	Homöopathische Mittel
Atemnot bei der Geburt	Camphora Ammonium tartaricum Ammonium carbonicum Laurocerasus
Atemnot Blaufärbung der Zunge und Schleimhäute	Laurocerasus
Blutverlust	Arnica Hamamelis
Gliedmaßen eiskalt	Carbo vegetabilis Veratrum album
Herzschwäche nach der Geburt	Camphora Naja tripudians Laurocerasus
Insektenstich	Ledum Lachesis Apis

Beschreibung	Homöopathische Mittel
Kollaps durch hohen Blutverlust	Arnica Hamamelis
Kollaps bei Durchfall	Carbo vegetabilis Veratrum album Camphora Arsenicum album
Kollaps beim Infundieren von Calcium	Naja tripudians
Kollaps durch Herz- und Nierenleiden	Colchicum
Kollaps durch Schreck, Schock	Aconitum Opium
Liegt in seinen eigenen Exkrementen	Carbo vegetabilis Veratrum album
Nageltritt	Ledum
Ödeme und Wassereinlagerungen führen zum Kollaps	Apis Colchicum
Sepsis	Lachesis Pyrogenium
Stichverletzungen	Ledum Apis Lachesis
Strangulation durch Ketten oder Stricke	Lachesis Naja tripudians
Untertemperatur	Laurocerasus
Vergiftungen mit Futter oder Leichengift	Arsenicum album Lachesis Nux vomica Okoubaka

Ödeme

Unter einem Ödem versteht man eine wässrige Schwellung, die überall am Körper auftreten kann und für deren Auftreten vielfältige Ursachen infrage kommen.

Ein Euterödem kann aufgrund zu starker Viehsalzfütterung entstehen oder durch eine starke Nierenbelastung bei nahender Geburt. Die Fütterung von mehreren Esslöffeln Zimt pro Tag kann in einem solchen Fall die Entwässerung anregen.

Aszites, auch bekannt als Bauchwassersucht, kann durch eine Erkrankung oder übermäßige Belastung der Leber, Nieren oder des Herzens hervorgerufen werden. Aszites zählt nicht zu den Ödemen, aber auch hier ist der Bauch durch Wassereinlagerung vergrößert. Aber auch ein fütterungsbedingter oder durchfallbedingter Eiweißmangel beim Saugkalb kann zu einem Aszites führen. Gefährlich für das Kalb ist auch das Kehlkopfödem.

Ödeme in den Gelenken können fütterungsbedingt auftreten; meist liegt eine Belastung der Nieren vor. Da oft nicht ersichtlich ist, ob ein stumpfes Trauma mit Bluterguss vorliegt oder ein echtes Ödem, kann es sinnvoll sein, das Blutungsmittel mit den Ödemmitteln abwechselnd zu geben.

Ödeme in den vorderen Kniegelenken entstehen meist aufgrund von schlechtem Liegekomfort und sind homöopathisch nur schwer behandelbar.

INDIKATIONEN VON A–Z

Apis (Euterödem; Nierenerkrankungen; Ödeme nach Verletzungen; heiße Gelenkschwellung; Ödem im Kopf, auf der Zunge; Hydrozephalus; Kehlkopfödem)

Apocynum (Ödeme der Knöchel; Bauchwassersucht der Kälber mit schwerem Durchfall; Ödeme der Genitalien; Scheidenschwellung)

Arsenicum album (Ödeme um die Augen; Aszites und Anasarka durch Nierenerkrankung oder Eiweißmangel)

Bovista (Ödeme der Knöchel, Gelenke oder Kopf bei ungeschickten Tieren; Ödeme mit länger bestehenden Eindellungen durch leichten Druck)

Calcium arsenicosum (Schwellung der Extremitäten; Anasarka)

Colchicum (Ödeme durch Herzschwäche und Nierenleiden)

Digitalis (Ödeme durch Herzinsuffizienz)

Kalium carbonicum (Euterödem; Ödeme der Augenlider; Ödeme im Zusammenhang mit Lungen und Herzerkrankungen)

Kalium jodatum (Kehlkopfödem; Ödem im Kniegelenk)

Lycopodium (Wassersucht der Kälber mit Tympanie oder Blähungen)

Natrium chloratum (Euterödem durch Salzbelastung)

Nux vomica (Fütterungsfehler und Leberbelastung mit wassersüchtiger Schwellung des Bauches)

Scilla (Ödeme aufgrund von Herzstörungen)

SYMPTOME

Beschreibung	Homöopathische Mittel
Bauchwassersucht	Apocynum Colchicum Lycopodium Nux vomica
Euterödem	Apis Kalium carbonicum Natrium chloratum
Herzhusten mit Ödemen	Scilla Apocynum Digitalis
Hydrozephalus (Wasserkopf)	Apis Bovista
Kehlkopfödem	Apis Kalium jodatum
Ödeme der Augen	Arsenicum album Kalium carbonicum Apis
Ödeme der Genitalien	Apocynum
Ödem der vorderen Gelenke	Apis Bovista
Ödeme der Hintergliedmaßen	Apocynum Arsenicum album Calcium arsenicosum Kalium jodatum
Knöchelschwellung	Apocynum Calcium arsenicosum Bovista
Scheide geschwollen	Apocynum

Schwäche

Es gibt viele verschiedene Arten von Schwächezuständen in der Homöopathie. Dazu gehören Schwäche aus Erschöpfung, zum Beispiel nach einer erschöpfenden Geburt, Schwäche nach einer langen Krankheit, Schwäche durch Impfungen, Durchfall oder hohe Milchgabe oder Schwäche in Form von Anämie nach einem hohen Blutverlust. Und auch die psychische Schwäche in Form von Ausgelaugtsein und Burnout, etwas das auch bei unseren Hochleistungskühen vorkommt, soll hier nicht unerwähnt bleiben.

Da Schwäche oft einhergeht mit Appetitlosigkeit, werden auch zu diesem Thema einige Mittel genannt. Es kann sinnvoll sein, zusätzlich Stärkungsmittel aus der Pflanzenheilkunde wie Wermut oder Schafgarbe zu verabreichen.

INDIKATIONEN VON A–Z

Acidum phosphoricum (körperliche und geistige Schwäche nach der Geburt; Trauer um das Kalb)

Aletris farinosa (große Schwäche nach der Geburt bei älteren Kühen mit Verstopfung)

Alfalfa (Rekonvaleszenz; Appetitlosigkeit)

Arsenicum album (Fieber mit Schwäche; ältere Tiere; fortschreitende Abmagerung; chronische Erkrankungen; Anämie; Appetitlosigkeit)

Avena sativa (Stärkungsmittel bei nervöser Erschöpfung; Schwäche nach Infektion oder sonstiger Erkrankung)

Aviaria (unruhige und schwache Kälber; Appetitlosigkeit bei kranken Kälbern)

Calcium carbonicum (ruhige schwere Kühe; die guten Seelen im Stall, immer zuverlässig, aber verausgaben sich dabei; ausgelaugte ruhige liebe Tiere; appetitlos nach der Geburt bei schweren Kühen)

China (Anämie oder Schwäche durch hohe Milchleistung; Appetitlosigkeit; Durchfall; Blutverlust; Schwitzen)

Coffea (Erschöpfung durch Nervosität; Übererregung durch alle äußeren Einflüsse)

Conium (Interesselosigkeit; aufsteigende Schwäche in den Hinterbeinen; fortschreitende Abmagerung)

Gelseminum (zittrige Schwäche insgesamt; Schwäche der Hinterhand; ängstliche Tiere, die unter Erwartungsspannung leiden)

Kalium carbonicum (Erschöpfung nach der Geburt; Schwäche nach Zwillingsgeburt)

Lecithinum (Anämie, Rekonvaleszenz, Abmagerung, sexuelle Schwäche, Müdigkeit, Schwäche)

Lycopodium (Appetitlosigkeit neugeborener Kälber oder bei Kühen, die nur Kraftfutter fressen wollen mit oder ohne Schwäche und Verdauungsstörungen)

Malandrium (Folge von Impfungen; Appetitverlust nach Impfungen; geistige Stumpfheit)

Natrium chloratum (Schwäche in den Hinterbeinen; Anämie)

Phosphorus (Phosphormangel; hohe Milchleistung großer rahmiger Kühe; Burn-out)

Propolis (Schwäche durch Virusinfekt oder Herz- und Atemwegserkrankungen)

Silicea (Schwäche; Abszesse oder Ekzeme nach oder als Folge von Impfungen)

Sulfur (Tiere sind erschöpft durch ständig wiederkehrende Krankheiten; wasserscheue Tiere, die auf den Spalten liegen; wichtiges Entgiftungsmittel nach Antibiotikagaben)

SYMPTOME

Beschreibung	Homöopathische Mittel
Anämische Schwäche nach Durchfall, hoher Milchgabe oder Säfteverlust	Arsenicum album China Lecithinum Natrium chloratum
Appetitlosigkeit beim Kalb	Alfalfa Avena sativa Aviara Lycopodium
Appetitlosigkeit bei der Kuh	Arsenicum album Alfalfa Avena sativa Calcium carbonicum China Lecithinum
Appetitlosigkeit nach Impfung	Malandrium
Fortschreitende Abmagerung	Arsenicum album Conium Lecithinum
Lahmheiten und Schwäche nach Impfung	Malandrium
Saugschwäche der Kälber	Aviara Calcium carbonicum und siehe unter „Kalb, rund um die Geburt“
Schwäche in den Hinterbeinen	Conium Gelseminum Natrium chloratum
Schwäche aufgrund von Mineralstoffmangel mit Schwäche in den Knochen	Calcium carbonicum Phosphorus
Schwäche nach der Geburt	Acidum phosphoricum Aletris farinosa Calcium carbonicum Kalium carbonicum Lecithinum Natrium chloratum Phosphorus

Beschreibung	Homöopathische Mittel
Schwäche durch hohe Milchgabe	Alfalfa Avena sativa China Calcium carbonicum Lecithinum Phosphorus
Schwäche durch wiederkehrende Erkrankungen	Arsenicum album Lecithinum Sulfur
Schwäche durch oder nach Übererregbarkeit	Coffea
Zittrige Schwäche	Gelseminum Natrium chloratum

Stoffwechsel

Ein guter Stoffwechsel ist bei der Kuh maßgeblich für ihre Gesundheit und ihre Langlebigkeit. Azidose oder Ketose führen zu starken Belastungen im Leberstoffwechsel und ein Mangel an Mineralstoffen und Spurenelementen kann u. a. Erkrankungen im Bewegungsapparat oder Hautstoffwechsel nach sich ziehen. Eine hervorragende Qualität und Zusammensetzung des Futters ist für den Stoffwechsel der Tiere unerlässlich und eine Grundvoraussetzung für gesunde Tiere im Stall. Moderne Kühe erbringen eine hohe Leistung und sind starken organischen Belastungen ausgesetzt. Aus diesem Grund liegt ein besonderes Augenmerk auf der Pflege und Unterstützung der wichtigen Organe Leber, Pansen und Niere, die durch Ketose, hohe Harnstoffwerte und Azidose deutlich belastet werden.

MITTEL VON A–Z

Aconitum (zu Beginn der Erkrankung; akute plötzliche Hepatitis)

Aletris farinosa (schaumiger Speichel bei Azidose; Kühe wirken müde)

Antimonium crudum (Azidose mit Lahmheit in den Klauen)

Arsenicum album (Appetitlosigkeit; Abmagerung; Ketose; Pansenübersäuerung)

Bryonia (Übelkeit; trinkt, aber frisst nichts; großer Durst; Hepatitis mit Gelbsucht; liegt auf der rechten Seite; Verstopfung; kotet kleine harte Ballen)

Calcium carbonicum (Calciummangel; Calciumstoffwechselstörung; Knochenweiche; kuhhessige Stellung der Hinterbeine)

Carduus marianus (Regeneration der Leberzellen; Ketose)

Chelidonium (Gelbsucht; Leber- und Gallenbeschwerden; Blähungen; liegt auf der rechten Seite; Silage wird gern gefressen, aber Kraftfutter und Mineralstoffe werden nicht vertragen; Ketose; Azidose)

China (Blähungen; verminderter Appetit und Rumoren im Bauch; Hepatitis; Übersäuerung; Azidose; Ketose)

Colocynthis (Bauchschmerzen und Krämpfe besser durch Zusammenkrümmen; Pankreaskrämpfe mit Durchfall und Kolik; Labmagen mit hier beschriebenen Symptomen)

Cuprum metallicum (Kupferbrille; Kupfermangel)

Dioscorea (Bauchkrämpfe der Kälber; Rücken nach unten durchgebogen)

Flor de Piedra (Lebermittel; Trinken, Anrüsten, Fressen, Laufen sind alle verlangsamt; oft nach der Geburt)

Lycopodium (frisst nur kurz und ist dann satt; frisst das Kraftfutter gezielt aus der Ration heraus; Durchfall; Verstopfung; Blähungen; Azidose; Ketose)

Magnesium muriaticum (Hepatitis; Gallensteine; Gallenblasenentzündung)

Magnesium phosphoricum (Weidetetanie; Vorbeugung für Festliegen; Magnesiummangel; Krämpfigkeit)

Natrium sulfuricum (Hepatitis; vergrößerte Leber; Durchfall; liegt auf der rechten Seite; Gallenblase entzündet; Verstopfung; Verstopfung abwechselnd mit Durchfall)

Nux vomica (Klauenrehe; alle Folgen von Intoxikation durch verdorbenes Futter oder Antibiotika; Azidose; Labmagen durch Futterumstellung oder schlechtes Futter)

Opium (Darmverschluss; Verstopfung nach Schreck)

Phosphorus (Fettleber; Leberstauung; Leberzirrhose; Leberstörung mit Blutgerinnungsstörung; Azidose und Ketose mit Durchfall; Pankreatitis/Entzündung der Bauchspeicheldrüse; Labmagen mit schleimigem Durchfall verursacht durch Stress)

Plumbum (kahnartig hochgezogener Bauch; Totenstille im Pansen; Pansenlähmung; Labmagen)

Sulfur (Stoffwechselbelastung durch Antibiotikaeinsatz; Verstopfung abwechselnd mit Durchfall)

Thuja (Ileus; Darmverschluss)

Zincum metallicum (Wunden heilen nicht; zu wenig Zink in der Futterration)

SYMPTOME

Beschreibung	Homöopathische Mittel
Azidose	Aletris farinosa Antimonium crudum Arsenicum album China Lycopodium Nux vomica Phosphorus Sulfur
Appetitlosigkeit bei Stoffwechselstörung	Arsenicum album Bryonia China Lycopodium
Pansenatonie, Pansenstillstand	Plumbum
Bauchspeicheldrüsenentzündung, siehe unter „Pankreatitis"	
Darmverschluss	Thuja Plumbum Opium
Durchfall abwechselnd mit Verstopfung	Opium Nux vomica Chelidonium
Fettleber	Phosphorus
Gallenblasenentzündung	Magnesium muriaticum, Natrium sulfuricum
Gelbsucht, Ikterus	Chelidonium Phosphorus Bryonia
Hepatitis	Carduus marianus Chelidonium Nux vomica Lycopodium
Ileus	Thuja Plumbum Opium

Beschreibung	Homöopathische Mittel
Ketose	Arsenicum album China Carduus marianus Chelidonium China Lycopodium Nux vomica Phosphorus
Kolik	Colocynthis Chelidonium China Nux vomica
Kupferbrille	Cuprum metallicum
Labmagen	Nux vomica Phosphorus Plumbum Colocynthis
Langsamkeit beim Anrüsten, Laufen, Saufen, Fressen	Flor de Piedra
Leberschwäche	Carduus marianus China Chelidonium Nux vomica Lycopodium Phosphorus Arsenicum album
Lebertonikum	Carduus marianus
Pankreatitis	Colocynthis Phosphorus
Pansenübersäuerung, siehe unter „Azidose“	
Speichel schaumig	Aletris farinosa

Beschreibung	Homöopathische Mittel
Schwäche	Aletris farinosa Arsenicum album China Calcium carbonicum Phosphorus Flor de Piedra und siehe unter Kapitel Schwäche
Verstopfung	Bryonia Plumbum Lycopodium Natrium sulfuricum Opium
Verstopfung abwechselnd mit Durchfall	Natrium sulfuricum Sulfur
Wundheilungsstörungen	Zincum metallicum

Trauer, Trennung

Kuh weint ums Kalb, Trennung Kalb vom Betrieb, Trennung Kuh von Freundin

Die Homöopathie beachtet immer Körper, Geist und Seele. Bei Kuh und Kalb sind die liebenden Instinkte gegenüber dem Kalb oder der Kuh besonders stark und führen immer wieder zu Trennungsproblemen unterschiedlichster Art. Nicht selten liegen Kühe aufgrund des Trennungsschmerzes nach der Geburt fest. Auch Kälber, die früh verkauft werden und im neuen Betrieb die Milch vollkommen verweigern, können an Trennungsschmerz und Heimweh leiden.

Tiere folgen ihren Instinkten und haben Gefühle. Eine Kuh, die laut nach ihrem Kalb ruft, tut das aus Mutterliebe; sie leidet unter der Trennung. Dann sollte der Kuh ihr Kalb noch einmal an die Seite gegeben werden, damit sie sich ausreichend lange verabschieden kann. Wenn beide Tiere dann immer noch leiden, können die hier aufgeführten Mittel sehr gut helfen, den Trennungsschmerz besser zu ertragen und sich abzufinden.

Insgesamt sollte überlegt werden, ob die sofortige Trennung von Mutter und Kalb eine sinnvolle Maßnahme ist. Eine längere gemeinsame Zeit nach dem Abkalben fördert den Abgang der Nachgeburt und kann die schnelle Aufnahme der Biestmilch erleichtern.

INDIKATIONEN VON A–Z

Acidum phosphoricum (körperliche und geistige Schwäche mit Trauer ums Kalb; Kuh steht nach der Kalbung nicht auf, ist schläfrig, entmutigt, will nur liegen)

Aurum (schwere Kühe mit Depression nach dem Kalben; postnatale Depression)

Calcium carbonicum (schwere Kälber, die Anpassungsprobleme im neuen Betrieb haben)

Ignatia (Milchhochziehen bei Trauer um das Kalb; stille oder lautstarke Trauer sind möglich)

Natrium muriaticum (stille Trauer um das Kalb; Kuh ruft nicht danach, ist aber apathisch und nicht mehr an der Umwelt interessiert)

Pulsatilla (Kuh schreit nach dem Kalb; ist unruhig, trauert lautstark; liebe anhängliche Kühe; lautes Rufen nach der Trennung von der besten Freundin)

Staphysagria (unterdrückter Kummer; unterdrückte Gefühle; Gefühlsausbrüche, wenn übererregt)

SYMPTOME

Beschreibung	Homöopathische Mittel
Kalb hat Anpassungsprobleme auf dem neuen Betrieb und verweigert das Trinken	Calcium carbonicum, Pulsatilla, Natrium muriaticum
Kalb trauert durch Betriebswechsel	Pulsatilla, Ignatia, Natrium muriaticum, Calcium carbonicum
Kalb ruft nach der Mutter	zur Mutter geben für einige Stunden, Pulsatilla, Ignatia
Kuh ruft nach dem Kalb	Ignatia, Pulsatilla
Kuh liegt fest ohne weiteren ersichtlichen Grund	Kalb wieder geben, Aurum
Stille Trauer	Ignatia, Natrium muriaticum, Staphysagria
Trauer mit körperlicher und geistiger Erschöpfung	Acidum phosphoricum
Trauer nach dem Verlust einer Freundin	Ignatia, Pulsatilla

Trockenstellen

Die meisten Kühe werden heute antibiotisch trockengestellt. Das ist aber nicht immer nötig und kann auch bei der ersten Milchgabe, der Biestmilch, negative Folgen für das Kalb haben. Die oft noch belastete Kolostralmilch kann beim Kalb zu Durchfall und Resistenzen führen. Zudem kostet das systematische Trockenstellen eutergesunder Kühe viel Geld und belastet unnötig die Gesundheit und die Umwelt. Euterkranke Kühe müssen antibiotisch trockengestellt werden – aber nach einer antibiotischen Analyse und einem Erregerstatusbericht aus dem Labor. Die früher angewandte Variante des selektiven Trockenstellens rückt somit bei eutergesunden Tieren wieder in den Fokus.

Wenden Sie bei Kühen mit niedriger Zellzahl vor dem Trockenstellen einen Schalmtest an. Wenn der Test ein unauffälliges Ergebnis zeigt, lassen Sie die nächste morgendliche Melkzeit aus. Am Folgetag lassen Sie die abendliche Melkzeit aus.

Einen Tag später führen Sie abends einen zweiten Schalmtest durch. Bringt auch dieser Test ein unauffälliges Ergebnis, melken Sie ein letztes mal und stellen die Kuh anschließend mit Zitzenversiegler trocken. Für Tiere, die vom Roboter gemolken werden, ist diese Variante besonders schonend weil Sie lediglich das Melkzeitintervall erweitern.

Um Infektionen und eine Trockenstehermastitis zu verhindern, ist es wichtig, die Euter der trockenstehenden Kühe regelmäßig zu kontrollieren! Ist das Euter oder die Milch auffällig, muss das auffällige Sekret muss einmal täglich abgemolken werden, so oft, bis wieder normale, wässrige Milch im Euter ist. Die Euterviertel sollten nach dem Abmelken immer gedippt und eventuell mit antibiotischem Trockensteller behandelt werden.

Ein bis zwei Tage vor und wenn nötig auch nach dem Trockenstellen ist der Kuh zweimal täglich das passende homöopathische Mittel zu verabreichen. So kann man sehen, ob die Milchleistung nach der Mittelgabe spürbar nachlässt oder nicht.

Nur eutergesunde Tiere dürfen ohne Antibiotika trockengestellt werden. Erkundigen Sie sich unbedingt bei Ihrem Tierarzt.

INDIKATIONEN VON A–Z

Bryonia (Mastitis in der Trockensteherzeit; Sekrete wie Pudding)

Phytolacca (Drosselung der Milchmenge)

Urtica urens (noch sehr hohe Milchmenge zur Zeit des Trockenstellens und wenn **Phytolacca** nicht den gewünschten Erfolg bringt)

Sulfur (für antibiotisch trockengestellte Kühe vor dem Kalben, damit sich der antibiotische Trockensteller schneller abbaut)

SYMPTOME

Beschreibung	Homöopathische Mittel
Antibiotisch trockengestellt	Sulfur (zwei bis drei Tage vor der Geburt)
Mastitis auf einem Viertel wie Pudding	Bryonia
Milchmenge noch hoch	Phytolacca
Milchmenge noch sehr hoch	Urtica urens

Verhaltensauffälligkeiten

Verhaltensauffälligkeiten sind oft Folge von Langeweile, Mineralstoffmangel oder Stoffwechselstörungen. Manchmal liegt auch eine neurologische Erkrankung zugrunde. Zungenschlagen, Spaltenliegen, Futter werfen, Tiere die ständig an der Wassertränke stehen oder Wasser aus dem Becken werfen, aber auch Eutersaugen oder Urinsaufen zählen dazu. Wenn mehrere Tiere betroffen sind, sollten Management und Fütterung überprüft werden.

Angst kann zu Verhaltensstörungen beim Melken führen (siehe „Angst vor“). Es gibt jedoch auch Tiere, die sich boshaft verhalten und absichtlich das Melkzeug abschlagen oder nach dem Melker treten.

Die hier beschriebenen Mittel müssen in Hochpotenzen gegeben werden, um eine Wirkung zu erzielen.

INDIKATIONEN VON A–Z

Belladonna C 200 (boshaftes Schlagen nach dem Melkzeug ohne Vorwarnung; Pupillen geweitet; Übererregbarkeit beim Melken; plötzliche Wutausbrüche)

Calcium carbonicum C 200 (Fressen von Dreck; Ablecken der Wände; Urinsaufen)

Cuprum C 200 (Zungenschlagen; Zungenrollen)

Lachesis C 200 (Zungenrollen; Tiere liegen lieber auf hartem Untergrund als im Strohbett)

Mercurius solubilis Hahnemanni C 200 (Zungenrollen; Wassermatscher)

Natrium chloratum C 200 (Ablecken der Wand – Salzgehalt der Mischung überprüfen; Urintrinken der Kälber)

Nux vomica C 200 (Futterwerfer; unzufriedene Kühe)

Pulsatilla C 200 (Ansaugen des Euters – das Tier behandeln, das sich ansaugen lässt)

Sepia (Kuh lehnt ihr Kalb nach der Geburt ab, kümmert sich nicht ums Kalb)

Stramonium C 200 (Ansaugen der Kälber)

Sulfur C 1000 (Spaltenlieger; Spielen an der Wassertränke; gegenseitiges Besaufen)

Veratrum album C 200 (Zungenschlagen; Futterwerfer; Wassermatschen bei jüngeren Tieren)

SYMPTOME

Beschreibung	Homöopathische Mittel
Ablecken der Wände	Calcium carbonicum Natrium chloratum
Angesaugtes Tier	Pulsatilla
Ansaugendes Tier	Stramonium
Besaufen gegenseitig	Stramonium Sulfur
Fressen von Dreck	Calcium carbonicum
Futterwerfer	Nux vomica Veratrum album
Kuh lehnt ihr Kalb nach der Geburt ab	Sepia
Melkzeug abgeschlagen	Belladonna siehe auch unter Kapitel „Angst, Furcht“
Spaltenlieger	Sulfur Lachesis
Übererregbarkeit	Belladonna
Urinsaufen	Natrium chloratum Calcium carbonicum
Wasser spielen, Wassermatschen	Sulfur Veratrum album Mercurius
Wutausbruch plötzlich	Belladonna
Zungenrollen, Zungenschlagen	Cuprum Lachesis Mercurius Veratrum album

Würmer, Parasiten und stechende Insekten

Parasiten sind Lebewesen, die sich von ihrem Wirt ernähren. Sie kommen als Endo- oder Ektoparasiten vor, das heißt sie leben entweder im Körper des Wirts (Würmer, Nematoden, Einzeller, Pilze) oder auf ihm (Läuse, Haarlinge, Milben, Zecken).

Eine Vielzahl von Würmern und Parasiten kann Rinder befallen und schwere Schäden beim Tier verursachen. Der Vorfall der Nickhaut kann ein Merkmal für den Wurmbefall von Rindern sein. Homöopathische Mittel können keinen Wurmbefall verhindern. Sie bewirken jedoch eine positive Milieuveränderung im Darm; diese macht es dann den Parasiten schwerer, sich dort einzunisten.

Kokzidien und Kryptosporidien, die ebenfalls zu den Darmparasiten zählen, sind im Kapitel „Durchfallerkrankungen" zu finden. Dem aus Pflanzen hergestellten Kamala-Pulver wird eine wurmreduzierende Wirkung zugeschrieben. Für Tiere, die zur Produktion von Nahrungsmitteln gehalten werden, ist es jedoch nicht zugelassen.

INDIKATIONEN VON A–Z

Abrotanum (Kälber entwickeln sich nicht, obwohl sie gut trinken; wird der Durchfall unterdrückt, kommt es zu rheumatischen Beschwerden; Wurmbefall mit Absonderungen aus dem Nabel)

Aconitum (Augenentzündung rot und heiß durch Weidefliegen)

Alstonia scholaris (Befall mit Kokzidien)

Calcium carbonicum C 200 (aufgetriebener Bauch mit saurem Durchfall und unverdauten Bestandteilen im Kot; Kot erst hart, dann pastös)

Belladonna (Augenentzündung durch Weidefliegen mit Lichtscheue)

Cina (Würmer im Kot; Jucken am After mit Bauchkrämpfen und Durchfall)

Ledum (Stichverletzungen durch alle saugenden Insekten wie Flöhe, Zecken, Haarlinge)

Sabadilla (Wurmbefall mit Blähungen, aufgetriebenem Bauch und Juckreiz am Anus)

Spigelia (Wurmbefall aller Art; Lungenwürmer; Spulwürmer; Wurmbefall im Zusammenhang mit Herzproblemen; niedrige Potenzen sollen gegen Flohbefall vorbeugen)

Sulfur (Juckreiz am After; After rot und brennend; Reaktionsmittel)

Stannum (säuft und frisst, ohne satt zu werden; Pressen nach Kotabgang; Bandwurmbefall)

Sulfur (entzieht den Würmern den Nährboden im Darm)

Teucrium marum verum (Madenwürmer; Nase juckt)

Tuberculinum (Abmagerung durch Lungenwurmbefall; ständiges Husten bei abgemagerten Tieren, die lange auf der Weide waren)

Urtica urens (Quaddeln durch Steckfliegen; allergische Reaktion auf Stechfliegen)

SYMPTOME

Beschreibung	Homöopathische Mittel
Anämie mit Wurmbefall	Abrotanum
Augen rot und entzündet durch Fliegenbefall	Aconitum Belladonna Euphrasia
Augenentzündung	Aconitum Belladonna Euphrasia
Blähungen mit aufgetriebenem Bauch und Jucken am After	Cina Sabadilla Spigelia
Insektenstiche, Flöhe, Haarlinge	Ledum Urtica urens
Madenwurmbefall, Jucken an der Nase	Cina Teucrium marum verum
Nickhautvorfall bei Wurmbefall	siehe Symptome zusätzlich Entwurmung mit Kamala-Pulver
Quaddeln durch Stechfliegen	Urtica urens
Verbesserung des Milieus im Darm	Sulfur
Wurmbefall bei hohläugigem Aussehen, Tiere saufen/fressen gut, sind trotzdem mager und aufgebläht	Abrotanum Spigelia Tuberculinum
Würmer und Spulwürmer, Lungenwürmer, Würmer mit Herzbeteiligung, kann Flohbefall vorbeugen	Spigelia
Zeckenstiche	Ledum
Kokzidien	Alstonia scholaris
Bandwurmbefall	Stannum
Prophylaxe nach der Wurmkur	Calcium carbonium

Wunden und Verletzungen, inklusive Enthornung und Klauenschnitt

Wunden und Verletzungen aller Arten können sowohl im Stall als auch auf der Weide entstehen. Hierzu gehören unter anderem: Schürfwunden, eitrige Wunden oder Abszesse, fressende Geschwüre, Euterschenkelekzem, Furunkel, offene Stellen, Eutermortellaro, Nageltritt, Strichverletzungen und Entzündungen an der Klaue.

Bestehen häufig schlecht heilende Wunden, kann dies durch einen Zinkmangel verursacht sein. Schlecht heilende Fersengelenksabschürfungen entstehen außer durch einen ungenügenden Liegekomfort auch aufgrund von Kieselsäuremangel (Siliceamangel).

Die Tiere können sich auch an unsachgemäß befestigten Teilen der Stalleinrichtung verletzen. Auffällig sind hier Wunden bei mehreren Tieren an ähnlichen Körperstellen. Derartige Verletzungsquellen sind aufzuspüren und schnellstens zu beseitigen.

Die äußere Anwendung von Eichenrindentee, Arnica- und Calendula-Tinktur können eine schnellere Wundheilung begünstigen.

Auch ein zu tiefer Klauenschnitt und die Verödung der Hornanlagen der Kälber sind als Verletzung zu bewerten; bei Folgeschmerzen können Homöopathika sehr hilfreich sein.

INDIKATIONEN VON A–Z

Aconitum (vor dem Enthornen C 1000 oder Klauenschnitt C 30 einmal geben; schmerzlindernd)

Arnica (Wunden nach stumpfen Verletzungen; blutende Wunden; Lahmheiten nach Verletzungen; nach dem Enthornen gegen die Schmerzen; nach dem Klauenschnitt zur Schmerzlinderung)

Bacillinum-Nosode (alle Wunden heilen schlecht; Zwischenschenkelekzem; trockene Wunden; nässende Ekzeme; saurer Geruch)

Belladonna (entzündete Wunden; pochender Wundschmerz)

Bellis perennis (Operationswunden; alte Wunden)

Borax (fressende Wunden an den Zitzen mit großer Berührungsempfindlichkeit)

Castor equi (Entzündungen und tiefe Einrisse an der Zitze; mit **Calendula** kombinieren)

Calendula (wundheilungsfördernd für *jede* Art von Wunden an Fell, Haut, Euter, Klaue, Zwischenschenkelekzem)

Graphit (Ekzeme; Hautausschlag; Absonderungen honigartig; Wunden jucken; kratzt bis es blutet; Haut neigt zu Infektionen und Abszessen)

Hepar sulfuris (eitergefüllte Abszesse bei schlecht heilenden Wunden)

Hypericum (Verletzungen und Wunden in nervenreichem Gewebe wie Klauenspitzen, Nase, Maul oder Scheide; Geburtsverletzungen)

Kreosotum (widerlich stinkende Wunden; Eutermortellaro; faulende Wunden)

Lachesis (drohende Sepsis; Phlegmone; aufsteigende Entzündungen von Wunden mit schwerem Verlauf; Panaritium; Wundgebiet nekrotisch)

Ledum (Wunden nach Stichverletzungen oder nach Eindringen von Keimen in die Haut über Verletzungen im Stroh)

Myristica sebifera (eitrige Entzündung; Wunde hart, heiß oder geschwollen mit Eiterherd)

Nitricum acidum (Risswunden; Geschwüre, Entzündungen in Nähe von Schleimhäuten)

Silicea (Abheilen von Abszessen und Wunden)

Staphysagria (Schnittwunden; Labmagen-OP; Kaiserschnitt-OP)

Sulfur (stark juckende Wunden; Wärme verschlimmert)

Zincum metallicum (Schürfwunden; viele Tiere mit offenen Stellen, die schlecht abheilen)

SYMPTOME UND PASSENDE MITTEL

Beschreibung	Homöopathische Mittel
Abschürfungen	Calendula Zincum metallicum
Eiterungen, eiternde Wunden	Hepar sulfuris Myristica sebifera Bacillinum-Nosode
Enthornung	Aconitum und Arnica einmal vorher

Beschreibung	Homöopathische Mittel
Entzündete Wunden	Belladonna Calendula
Geschwüre	Nitricum acidum Hepar sulfuris Kreosotum Bellis perennis
Kaiserschnitt, siehe „Blutungen, Operationen“	
Klauenschnitt	vorher einmal Aconitum, nachher einmal Arnica
Nageltritt	Ledum Arnica
Rissige Wunden	Nitricum acidum
Schlecht heilende Wunden	Borax Zincum Calendula Silicea Sulfur Bacillinum-Nosode
Schmerzen nach Enthornen	Aconitum vorher und Arnica nachher
Schmerzen nach Klauenschnitt	vorher einmal Aconitum, nachher einmal Arnica
Schürfwunde	Calendula Zincum metallicum
Schnittverletzung	Bellis perennis Staphysagria
Stinkende Wunden	Borax
Strichverletzung	Calendula Borax Castor equi
Zwischenschenkelekzem	Hepar sulfuris Nitricum acidum Silicea Sulfur Bacillinum-Nosode
Zitzenverletzungen, siehe „Strichverletzungen“	

Service

Hinweise zur Konstitution

Unter Konstitution versteht man die körperlichen, geistigen und charakterlichen Eigenschaften eines Individuums. Diese sind sowohl erworben als auch ererbt. Alle Tiere im Bestand unterscheiden sich in Aussehen, Größe, Leistung und Charakter und in ihrer individuellen Bereitschaft, zu erkranken (Disposition, Diathese).

Ist ein Tier erkrankt, so benötigt es zunächst ein akutes Mittel. Hat es die Krankheit dann überwunden, ist es sinnvoll, im Anschluss das entsprechende Konstitutionsmittel zu verabreichen. So erreicht man eine Stärkung der Gesamtkonstitution und vermeidet ständige Rückfälle.

Vom Konstitutionsmittel werden dem Tier nur einmal 10–15 Globuli in der C 200 verabreicht.
Es gibt insgesamt ca. 10–15 große Konstitutionsmittel.
Hier sollen nur die häufigsten und wichtigsten genannt werden.

ARSENICUM ALBUM (WEISSER ARSENIK)

- ältere oder abgemagerte Kühe
- sehen älter aus, als sie sind
- schönes Fell, auch im Alter
- halten sich sehr sauber
- stehen an den warmen Stellen im Stall, weil ihnen immer kalt ist
- saufen häufig kleinere Mengen Wasser
- fühlen sich schwach, müde, lustlos

AURUM METALLICUM (METALLISCHES GOLD)

- kräftige Tiere
- auffallend aggressiv, angriffslustig, mit wildem Blick
- häufig Zysten oder dauerbrünstig
- mag bestimmte Menschen oder Tiere nicht
- Altersherz
- Impotenz bei Bullen mit entsprechendem Körperbau

CALCIUM CARBONICUM (AUSTERNSCHALENKALK)

- kräftige Tiere, nehmen schnell an Gewicht zu oder ab
- gutmütig, zuverlässig in der Leistung, aber keine Hochleistungstiere
- zurückhaltend, lieb, freundlich, ängstlich
- Furcht vor grober Behandlung oder Berührung
- schwere Kälber, vertragen die Milch nicht
- wenig Ausdauer, wehren sich nicht
- Neigung zu Rückfällen

CALCIUM PHOSPHORICUM (CALCIUMHYDROGENPHOSPHAT)

- nervöse schlanke Kälber oder Kalbinnen
- auffallend schnelles Wachstum in die Höhe
- hoch aufgehängtes, kleines festes Euter bei Erstkalbinnen
- Abschlagen des Melkzeugs, weil nervös und schreckhaft
- Probleme bei Wetterwechsel

GRAPHIT (REISSBLEI)

- fettleibige, verfressene und verfrorene Tiere
- Schilddrüsenunterfunktion
- gutmütig
- Ekzeme und Verhornung der Haut mit honigartigen Sekreten
- Hormonhaushalt ist verlangsamt

LILIUM TIGRINUM (TIGERLILIE)

- schnell erregbare Kühe, zornig bis zur Raserei
- Hysterie, Hypersexualität, hypersensitiv
- Gebärmuttervorfall, Scheidenvorfall faustgroß
- macht immer einen gehetzten Eindruck

LYCOPODIUM (BÄRLAPP)

- aufgebähte Tiere, die sich das Kraftfutter gezielt aus dem Futter raussuchen
- fressen selektiv, fressen kurz und gehen dann vom Trog, um später wiederzukommen
- struppige Tiere mit Leberbelastung
- launisch, kaum folgsam

NATRIUM CHLORATUM (KOCHSALZ)

- staubige Tiere mit trockenem Fell oder trockener Haut durch Nierenbelastung
- Tiere machen einen traurigen Eindruck und sind gerne allein oder haben nur eine Freundin
- stiller Kummer und Trauer nach der Trennung vom Kalb oder einer Freundin
- auffallend schmaler Brustbereich und Nacken
- Abmagerung trotz guten Fressverhaltens
- großer Durst, mag und verträgt keine Sonne, verlangt nach Salz

NUX VOMICA (GEWÖHNLICHE BRECHNUSS)

- überempfindlich auf Geräusche und äußere Einflüsse
- Verdauungsstörungen nach Futterumstellung oder Medikamentengabe
- „verfressen“, drängt andere Tiere am Trog ab
- aggresive Reaktion auf Festhalten

PHOSPHORUS (GELBER PHOSPHOR)

- sehr große, schöne und leistungsstarke Kühe
- hochaufgeschossene, nervöse schwarzbunte Kälber
- können oft Leitkühe sein
- empfindlich auf Wetterumschwung oder elektrische Spannungen
- verlangen nach kaltem Wasser
- Neigung zu Blutungen
- rezidivierende Erkrankungen
- Erkrankungen gehen auf die Knochen und können zu Lahmheit führen

PULSATILLA (KÜCHENSCHELLE)

- sehr schöne Tiere mit harmonischem Körperbau
- liebebedürftig und anschmiegsam, stehen selten allein
- trauern lautstark um ihr Kalb, brüllen nach dem Kalb, starker Mutterinstinkt
- Brunst immer zu spät, Ausfluss gelb-rahmig
- Stimmungsschwankungen
- Veränderlichkeit (Durchfall jeden Tag anders, einmal hell, dann wieder dunkel usw.)

SEPIA (TINTENFISCH)

- schwaches Bindegewebe bei älteren Kühen
- kümmert sich nicht ums Kalb
- stille Brunst durch hormonelle Unterfunktion
- Haut kann schlaff herunterhängen, schmales Becken, unharmonischer Körperbau, Hängeeuter
- keine Lust auf Leistung, will lieber alleine sein, teilweise dominante Leitkuh
- Vorfälle aufgrund der Bindegewebsschwäche
- Gebärmutterentzündung aufgrund von Nachgeburtsverhalten durch hormonelle Schwäche

SILICEA (KIESELSÄURE)

- zierliche Kälber, Kühe und Erstkalbinnen
- kein Selbstbewusstsein, lässt sich sofort von ranghöheren Tieren am Futtertisch oder Wasserbecken vertreiben
- ängstlich, nachgiebig
- Abszess im Euter oder am Körper
- Bindegewebsschwäche
- Große Müdigkeit und Schwäche, schläfrig
- schlechte Wundheilungstendenz, Fisteln
- weiche Klauen

SULFUR (SCHWEFEL)

- zottelige Tiere, denen immer zu warm ist
- selbstbewusste, manchmal ungeduldige Tiere
- liegen im Dreck, riechen, gehen durch jede Pfütze und Schlamm, aber mögen keinen Regen und bleiben dann lieber im Stall
- Fell ist verfilzt, Juckreiz, Ekzeme, stark juckende Hautauschläge
- Durchfall am Morgen
- ständige Rückfälle bei Erkrankungen

Register der Symptome und Erkrankungen

Bezugsquellen homöopatischer Mittel

Remedia
www.remedia.at

DHU Deutsche Homöopatische Union
www.dhu.de

Heel Biologische Heilmittel Heel GmbH
www.heel.de

Ziegler, Franz Ziegler GmbH
www.ziegler-tierarznei.de

Saluvet
www.saluvet.de
mit Produkten der Firmen Plantvet und Dr. Schaette

und bei Ihrem Hoftierarzt und der Hausapotheke

Weitere Informationen und Internetadressen

Landwirtschaftskammer Nordrhein Westfalen
www.landwirtschaftskammer.de
(Haus Riswick, Haus Düsse)

Landwirtschaftskammer Niedersachsen
www.lwk-niedersachsen.de

Homöopathie und Natur bei
www.carstens-stiftung.de

Gesellschaft für ganzheitliche Medizin
www.ggtm.de

Forum für Naturheilkunde in der Nutztierhaltung, Info unter
www.mobile-tierheilpraxis-niederrhein.de

Pro Vieh
www.provieh.de

Mittel, die im Schnellfinder verwendet werden

Abrotanum
Acidum phosphoricum
Aconitum
Aethusa
Aletris farinosa
Allium cepa
Aloe
Alumina
Ammonium carbonicum
Apis
Apocynum
Arnica
Arsenicum album
Asarum europaeum
Avena sativa
Aurum metallicum

Baccilinum-Nosode
Barium carbonicum
Belladonna
Bellis perennis
Borax
Bovista
Bryonia

Calcium carbonicum
Calcium fluoratum
Calcium phosphoricum
Calendula
Camphora
Cantharis
Carbo vegetabilis
Carduus marianus
Chamomilla
China
Cina
Cistus canadensis
Colocynthis
Colchicum
Conium
Crocus sativus
Cuprum metallicum

Dioscorea
Drosera
Dulcamara

Equisetum
Erigeron
Eupatorium perfoliatum
Euphrasia

Ferrum phosphoricum
Flor de Piedra

Hekla Lava
Helonias

Kalium carbonicum
Kalium jodatum

Lachesis
Lathyrus sativus
Laurocerasus
Lecithinum
Ledum
Lobelia
Lycopodium

Magnesium muriaticum
Magnesium phosphoricum
Malandrium

Mercurius solubilis Hahnemanni
Mercurius sublimatus corrosivus
Myristica sebifera

Natrium chloratum
Natrium sulfuricum
Nitricum acidum
Nux moschata
Nux vomica

Okoubaka
Opium

Pasteurella-Nosode
Phosphorus
Phytolacca
Platinum
Plumbum
Podophyllum
Propolis
Psorinum
Pulsatilla

Rhus toxicodendron
Rumex
Ruta

Sabadilla
Sarsaparilla
Sabina
Secale
Sepia
Silicea
Sulfur
Symphytum

Tellurium metallicum
Teucrium marum verum
Thuja
Tuberculinum

Vaccininum
Veratrum album
Zincum metallicum

Die Autorin

Karin Schoenen-Schragmann ist staatlich geprüfte Landwirtin und ausgebildete Tierheilpraktikerin und Humanhomöopathin.
Sie ist freie Autorin und hält seit vielen Jahren Seminare, Vorträge und Workshops für verschiedene Landwirtschaftskammern, Arbeitskreise und Verbände im In- und Ausland.
Während ihrer Arbeit auf landwirtschaftlichen Betrieben sammelt sie täglich Erfahrungen und neue Erkenntnisse.
Ihr Motto lautet „Aus der Praxis für die Praxis!" – und entsprechen praxisnah (oder besser, „stallnah") ist auch dieser Schnellfinder.

Wenden Sie sich mit Feedback, Fragen oder Seminaranfragen gerne per Email an die Autorin:
tierheilpraxis-niederrhein@web.de

Literaturverzeichnis

Allen, Henry C.: Leitsymptome und Nosoden

Gnadl, Birgit: Klassische Homöopathie für Rinder

Hahnemann, Samuel: Organon der Heilkunst

Hofmann, Winfried: Farbatlas Rinderkrankheiten

Homöopathische Materia Medica für Veterinärmediziner

Kent, James Tyler: Repertorium der homöopathischen Arzneimittel

Kent, James Tyler: Zur Theorie der Homöopathie

Loeffler, Klaus: Anatomie und Physiologie unserer Haustiere

Morrison, Roger: Handbuch der homöopathischen Leitsymptome und Bestätigungssymptome

Phatak: Homöopathische Arzneimittellehre

Rehmann, Abdur: Handbuch der Arzneimittelbeziehungen

Synthesis Repertorium homoeopathicum syntheticum 9.1

Vithoulkas, Georgos: Die Praxis homöopathischen Heilens

Impressum

Titelfoto: Verlag Eugen Ulmer, Stuttgart

Die in diesem Buch enthaltenen Empfehlungen und Angaben sind von der Autorin mit größter Sorgfalt zusammengestellt und geprüft worden. Eine Garantie für die Richtigkeit der Angaben kann aber nicht gegeben werden. Autorin und Verlag übernehmen keinerlei Haftung für Schäden und Unfälle. Bitte setzen Sie bei der Anwendung der in diesem Buch enthaltenen Empfehlungen Ihr persönliches Urteilsvermögen ein und besprechen Sie Ihr Vorgehen mit Ihrem Tierarzt. Der Verlag Eugen Ulmer ist nicht verantwortlich für die Inhalte der im Buch genannten Websites.

Bibliografische Information der Deutschen Nationalbibliothek
Die Deutsche Nationalbibliothek verzeichnet diese Publikation in der Deutschen Nationalbibliografie; detaillierte bibliografische Daten sind im Internet über http://dnb.d-nb.de abrufbar.

Wollgrasweg 41, 70599 Stuttgart (Hohenheim)
E-Mail: info@ulmer.de
Internet: www.ulmer-verlag.de
Lektorat: Anna Häusler, Ulrike Andres
Herstellung: Martina Gronau
Umschlagentwurf: Verlag Eugen Ulmer
Innenlayout und DTP: Atelier Reichert, Stuttgart
Druck und Bindung: Friedrich Pustet, Regensburg
Printed in Germany
ISBN 978-3-8001-0922-7

Horst Reiser
„Wir leben mit unseren
Tieren und für unsere Tiere.
Wenn es ihnen gut geht,
profitieren wir auch davon.
So einfach ist das.“
BW agrar
Schwäbischer Bauer
BW agrar
Landwirtschaftliches Wochenblatt
BW agrar